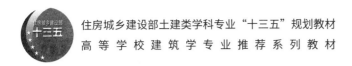

住房城乡建设部土建类学科专业"十三五"规划教材

高 等 学 校 建 筑 学 专 业 推 荐 系 列 教 材

建 筑 理 论 与 设 计：

ARCHITECTURAL THEORY AND DESIGN:

建 构

TECTONIC

史永高 著

U0196641

中国建筑工业出版社

图书在版编目（CIP）数据

建筑理论与设计：建构 = ARCHITECTURAL THEORY AND DESIGN：TECTONIC / 史永高著 . —北京：中国建筑工业出版社，2021.11
住房城乡建设部土建类学科专业"十三五"规划教材
高等学校建筑学专业推荐系列教材
ISBN 978-7-112-26776-7

Ⅰ.①建… Ⅱ.①史… Ⅲ.①建筑理论—高等学校—教材②建筑设计—高等学校—教材 Ⅳ.① TU

中国版本图书馆 CIP 数据核字（2021）第 211096 号

本书为建筑类专业（包括建筑学、城乡规划、风景园林）的核心课程教材。围绕建筑学的核心问题"建构"，展开理论与设计的关联思考与讨论。

全书共八讲，分为基础和前沿两篇。前者探讨了建构学所要处理的材料、结构、建造等核心命题，具有普遍性；后者探讨了这些命题在场地、性能、图像等要素或维度中的表现。全书以问题为线索，在囊括这一领域主要学科知识点的基础上，尤为侧重批判性理论思考能力的引导与发展。本书适用于建筑类专业包括建筑学、城乡规划、风景园林三个专业的学生和教师，以及相关设计行业的从业人员。

为了更好地支持相应课程的教学，我们向采用本书作为教材的教师提供课件，有需要者可与出版社联系。

建工书院：http://edu.cabplink.com　邮箱：jckj@cabp.com.cn　电话：（010）58337285

责任编辑：王　惠　陈　桦
责任校对：芦欣甜

住房城乡建设部土建类学科专业"十三五"规划教材
高等学校建筑学专业推荐系列教材
建筑理论与设计：建构
ARCHITECTURAL THEORY AND DESIGN：TECTONIC
史永高　著
＊
中国建筑工业出版社出版、发行（北京海淀三里河路9号）
各地新华书店、建筑书店经销
北京雅盈中佳图文设计公司制版
北京圣夫亚美印刷有限公司印刷
＊
开本：787毫米×960毫米　1/16　印张：16½　字数：200千字
2021年12月第一版　2021年12月第一次印刷
定价：**49.00**元（赠教师课件）
ISBN 978-7-112-26776-7
（38605）

序

建筑学是一门观念与实践、知性与技能并重的学科。尤其自现代主义建筑以来，建筑设计被看作是思维与现实相互作用的过程和产物，建筑物则是最终成果和体现。而建筑理论，从其广义的定义上，即是对观念和思维方式的讨论与提炼。其意义在于揭示和问题化，即揭示表象背后所隐含的、或被表象所遮蔽的"事实"，给出具有普遍性的解释，提出有价值的、具有启示性和普遍意义的问题，提供认识世界的视野与方式。简单地说，建筑理论解决的是如何想，以及想法如何被构筑的问题。在这一意义上说，建筑理论不是自我封闭的或者自足的修辞式论证，而是具有与设计问题关联的指向性；建筑设计也不再是纯粹经验的，而是一种自觉的和批判性的探究过程。因此，建筑理论课的设置是建筑学学科知识与思维方式构建的基础。

"建筑理论与设计系列"教材以建筑学中的基本议题为出发点，结合建筑设计教学中的基本概念和问题，阐述设计手法与方法、物质形态形成背后的观念及观念的演变，建立理论与设计的关联。不同于介绍各种建筑理论、思潮、流派的著作和教学参考书，也相异于以各类讲解具体做法为主的建筑设计原理教材，本系列教材注重在视野、观念、认知和意识上理解和认识怎么做的问题，在"如何做"和"如何想"之间建立关联。为此，这些教材在建立基本知识和知识脉络的同时，尤其注意展开多视点的论述，呈现同一议题中的不同观点，观点与观点之间的批判性与承继关系，以及它们对当代建筑学和建筑设计中相关问题的回应。

"建筑理论与设计系列"教材由5个专题组成，分别为"空间"（朱雷著）、"功能"（王正著）、"建构"（史永高著）、"地形"（陈洁萍著）、"词与物"（李华著）。本系列中的教材既可单本独立使用，亦可前后相连，形成一个完整体系。它们既可作为单独的理论课教材，也可以配合建筑设计课教学使用。

前言

　　朴素而言，建构即是建造以及为了完成建造需要展开的工作。因此，有学者认为，所谓建构，其实与我们耳熟能详的构造并无太大分别，假如我们对构造的理解不太狭隘，也就是不仅仅从应用物理学的角度来理解的话。如此，建构所面对的问题真实而普遍，为任何建筑实践所不能回避。也因此，但凡历史悠久之文明，必有建造智慧之积累。中国历时数千年的建筑结构、构造体系的发展和演变，以及从官式到民间不同建筑形制和建造文化的共时存在，便是明证。

　　但是，作为观念性的知识和思考，建构则是一种特殊现象。今天我们所谓的建构，无论是其理论命题还是表述话语，皆源自欧洲的文化与建筑传统。虽然有学者从词源学考证，建构的观念和表述早在古希腊时期便已存在，但是，真正在建筑学中加以讨论并发挥实践影响则是与 18 世纪以来的城市工业文明息息相关，这也可谓建筑学意义上的建构的缘起与兴起。至于今天通常所言之建构学，则是经过现代建筑的空间霸权后，针对 20 世纪 60 年代以来的图像化建筑倾向而得到复兴。

　　这样，作为一本意图成为"教材"的关于建构的著述，以中西或古今为经纬来展开其学理脉络，组织其"客观"知识，似乎是顺理成章的事。不过，这种学理的梳理和比较在知识层面固然重要，但"建构"本身在历史、地域、翻译中含义的流变可能让初入者如坠云雾，不得要领。而在信息如此发达的今天，作为知识的信息获取也早已不是难事。作为一本理论课教材，与知识的汇集与呈现相比，它更是或更应是问题的追寻与思考的启迪。此时，哪怕最好的"教材"，充其量也不过是一种"参考"。而如果放弃"著述"中的探究与思辨之性质，它恐怕连参考的价值也令人怀疑。这在客观上要求模糊教材与著述之间的差异，而我偷偷地认为，这种模糊性，正是一本理论课参考书所必需的。关于建构这样一个理论专题的"教材"，就更是如此，因为它既非什么客观的技术知识，也非持续推进的观念历史，它表现出的更多是不同时期不同条件下对不同层次的命题所展开的思考。这样，另一种展开方式或许是值得尝试的：问一问虽然建构的概念内涵持续在变化，但它一直以来究竟要处理的是些什么问题？这些问题各自重点何在？而在今天，它又面对什么新的挑战？可以如何去应对？

为着这样的目的，本书在内容重点和结构安排上，一方面越过建构之定义，而去强化和聚焦其中的核心问题，即假如暂时不用建构这个概念，我们可以如何从更为实在的方向并以更为具体的方式来探讨相关问题？因此有了以材料、结构、建造为核心展开的基础部分。另一方面，在近些年对建构的理解已被简化和固化的情况下，如何让它再次生气勃勃并能对当代问题有所回应？因此有了以土地、空气、图像为核心来展开的前沿部分，它们试图回应当代问题，并探讨达成建构文化的可能途径。至于知识形态意义上的学理发展，则穿插在这些论述当中。为了方便读者，这些发展尽可能以具体的人物来展开，并且注意还原其时代的和个人的特别情境。需要指出的是，本书不寻求也不可能去归纳或替代任何已有的这一领域的论述或论著，而至多只是形成对它们的一种补充。因此回到原文、回到原著仍然是学习中必不可少的环节，尤其是像《建构文化研究——论 19 世纪和 20 世纪建筑中的建造诗学》（以下统一简称为《建构文化研究》）这样有强烈历史意识而又对现代世界有深切理解和关怀的关键著作。因此，纵然书中有一些对于论文和著述之篇章的简要归纳与综述，那也只是为读者进入原著而提供的敲门砖而已。

总体而言，这样的结构方式应对着我们今天现实中需要面对的双重挑战：一方面要固守基本，另一方面要创生文化。而如此"结构"，也是基于对建构议题在中国二十多年来的接受与研究状况的认知与思考。

当我们自己的营造传统在 19 世纪由于新的材料与结构体系的日渐兴起而日渐隐没甚至中断以后，潜伏于社会文化心理中对于建筑的"样式"化认知习惯，20 世纪初期和中期在积贫积弱中对民族主义等意识形态的诉求，及至 20 世纪 80 年代改革开放以来愈演愈烈的商品文化的影响，对于国外建筑思潮的风格化解读与转用，使得建构这一建筑基本问题长期被忽视。这也部分导致了中国现代建筑的探求往往孜孜于风格，妨碍了本可取得的更大的实质性进展。正是在这一背景下，建构话语在 20 世纪 90 年代后期被主动引介进来。

无可否认的是，在中国讨论建构，弗兰姆普敦是一个参照坐标，而因为他的著述《建构文化研究》在早期引入，事实上很大程度上规定了一段时期中文语境中对建构的认识方式和思考方向，因此他还是这个坐标系的原点。如果说弗兰姆普敦 20 世纪 80 年代在美国所面对的问题，是太多的美学以及太多的语言学等其他学科的侵入，其复兴建构学的重要使命之一是抵抗建筑领域后现代主义的无根与浅薄，那么对于 20 世纪 90 年代中后期的中国来说，这些别人的问题似乎都只是延期到来。于是，问题与目标上一定程度的共享，使得建构被视作其时中国建筑实践中一个突出问题的解药。

自那时开始，建构学在中国历经 20 多年的发展，已经实质性地推进了中国现当代建筑实践与教育。曾经的"热词"已经司空见惯，建造作为核心问题也为年轻一代建筑师所认同。但同时，在以风格化为直接标靶的话语中，"建构"往往被简化、窄化和"石化"为对结构的暴露以及对材料的"诚实"。关于建构的话语和认识也比较单一，如果说对于它的学术史有所认知，对于其基本问题也有共识的话，对于它在当代所面对的质疑与挑战则思考甚少。这使得本当给实践带来勃勃生机的建构，如今几乎成为一种教条。这一现象不仅仅为中国所独有，在世界其他地方也并不鲜见。简化，总是容易且容易被"听众"抓住和被建筑师应用。但是，这样的建构在具有对症下药之功效的同时，也让人不免忧虑它到底还能为未来的建筑实践提供多少养分。

此时，对不远的过去的回望，可能并非毫无价值。

把建构学引入到建筑学中的德国建筑师和学者森佩尔，把建构置于实践美学（Practical Aesthetics）的领域。自那时以来，各个时期的论述，事实上都在实践与美学这两者中各有侧重，以回应自己特别的时代问题。而20世纪20年代的先锋现代建筑以来，森佩尔及其论述长期被遗忘。约瑟夫·里克沃特在英语世界中，首先把森佩尔从尘封中带到世人面前。哈里·马尔格雷夫在里克沃特的建议和指导下，以森佩尔为对象做了博士论文，其后坚持不懈，引介和评述德语相关文献至英语世界。谙熟法国结构理性主义传统的弗兰姆普敦，一方面敏锐地发现建构方向的思考对20世纪80年代的建筑和城市"布景化"的病况可能具有特别的意义，另一方面又似乎并不愿意完整传递内涵于 Tectonic 当中的 Practical 和 Aesthetics 这两方面的内容以及二者之间的张力。当然，这也可能是鉴于其时语言学和美学泛滥的具体状况而作出的针对性侧重与取舍。弗兰姆普敦的用意在于建立一种"建构文化"，但是他小心地避开了关于建构以及建构文化的定义问题，甚至连解释也不曾尝试。当然，可以想见，在其著作的绪论中提及的地形、身体等主题，一定是促使建造生成文化的有效且不可或缺的途径，只是在后面的论述中并未充分展开。

这里隐含的一个困难，似乎永远也无法逃脱：要么聚焦但难免狭隘与偏见，要么包容但失去其针对与力量。对于这样的两种路径，我们无法抽象地去作出比较，而只能根据面对的问题来进行选择。什么样的问题？如前所述，在建构思想在中国被讨论和研究 20 多年后，今天的任务正是丰富它，让它再次生气勃勃。

通过回溯，而终至向前。

本书的研究和写作受到国家自然科学基金（51278109，51778120）的资助。

目录

基础篇

第 1 讲　建构为何，何为建构

1.1　为何要讨论建构 ···················· 002
1.2　对建构的诸般理解 ··················· 004
 1.2.1　语言之于概念 ················ 005
 1.2.2　现代意义的建构 ··············· 005
 1.2.3　词源学追溯及其现实意义 ··········· 014
 1.2.4　建构的现代复兴背后的学科含义 ········ 016
 1.2.5　当下的多重含义 ··············· 018
1.3　本土语境中的建构学 ·················· 019
1.4　建构的基本议题 ···················· 023

第 2 讲　材料，以及对"本性"的顺逆

2.1　材料的在场与缺席 ··················· 029
2.2　所谓的材料"自身"，以及是什么定义了材料？ ····· 031
 2.2.1　"本性"与"属性" ·············· 032
 2.2.2　材料的物质性与非物质性 ··········· 036
 2.2.3　"自然"材料与人工材料 ··········· 037
2.3　三种典型材料 ····················· 040
 2.3.1　木 ····················· 040

2.3.2 （混凝）土 ··· 043

2.3.3 塑料 ··· 045

2.4 材料置换，以及它的对立面观点 ···················· 047

第 3 讲　结构，以及对它的再现

3.1 结构的"透明性" ···································· 054

3.1.1 结构理性主义 ····································· 054

3.1.2 "透明"结构 ······································ 055

3.1.3 "不透明"结构 ···································· 059

3.2 现代框架结构 ······································· 062

3.2.1 表皮独立 ··· 062

3.2.2 普通结构的不普通性 ······························ 064

3.2.3 柱与墙 ··· 070

3.3 结构体系的纯粹与混杂 ······························ 077

3.3.1 单一结构的理性和概念表象 ······················ 077

3.3.2 组合结构的形式与空间内涵 ······················ 080

3.3.3 水平向力的尴尬再现与读解 ······················ 085

3.4 眼与心，结构向何者再现 ···························· 086

3.4.1 受力实质与知觉表象 ······························ 086

3.4.2 以心理重构来认知 ································· 087

第 4 讲　建造，以及在概念物化中的调整

4.1 连接与处理 ··· 095

4.1.1 对构件的连接 ····································· 096

4.1.2 对表面的处理 ····································· 097

4.2 身体与工具 ··· 100

4.2.1 身体、工具、机器 ································· 100

4.2.2 预制与再制 ·· 102

4.2.3 半工业化的属性和机会 ·························· 103

4.3 外围护体的建造模式 ···························· **105**

4.3.1 实体建造与层叠建造 ·························· 106

4.3.2 表面的"重量" ································ 107

4.4 完成之度 ·· **109**

4.4.1 追求"完美"还是接受偶然 ·················· 109

4.4.2 对意图的准确"完成" ························ 111

4.4.3 永无完成的"完成" ·························· 114

前沿篇

第5讲 建构如何文化

5.1 哥特弗里德·森佩尔 ·························· **123**

5.1.1 实践美学 ·································· 124

5.1.2 技术与"动机" ·························· 126

5.1.3 面饰—面具—遮蔽 ·························· 128

5.2 历史的内化 ·· **131**

5.2.1 由原则到法则 ·························· 131

5.2.2 历史的重构与内化 ·························· 132

5.3 建造与筑造 ·· **135**

5.3.1 语言中的踪迹 ·························· 135

5.3.2 本土的回望与观照 ·························· 137

5.4 文化的维度 ·· **138**

5.4.1 实用与实践 ·························· 138

5.4.2 建构文化的可能维度 ·························· 141

第6讲 土地，在地的建构

6.1 TOPO-GRAPHY ··· 147

6.2 建筑的接地 ··· 148

    6.2.1 对地表的扰动 ·· 148

    6.2.2 接地，及其与上部的关联 ····················· 151

    6.2.3 基础，以及地质性建构 ························· 154

6.3 多"层"的场地 ··· 156

    6.3.1 地质的与地理的 ···································· 156

    6.3.2 字面的与隐喻的 ···································· 161

    6.3.3 重述还是阐释，顺从还是违抗 ············· 164

6.4 时间的痕迹 ··· 167

    6.4.1 时间的多重尺度 ···································· 167

    6.4.2 与土地共同生长 ···································· 168

    6.4.3 土地与空气 ··· 168

第7讲 空气，"表演"的建构

7.1 环境的力量 ··· 174

    7.1.1 传热、采光、通风 ······························· 175

    7.1.2 对热量的遮隔与疏导——窗（洞）作为通道 ··· 176

    7.1.3 对热量的保存与持续——围护体的保温 ····· 179

7.2 被动与主动，及其不同的建构学挑战 ·············· 182

    7.2.1 轻质与高能的矛盾 ······························· 182

    7.2.2 复合建造 ··· 184

    7.2.3 集成设计 ··· 187

7.3 由制作形式到工作形式 ··································· 192

    7.3.1 制作形式 ··· 192

    7.3.2 工作形式 ··· 193

7.3.3　两种身体 ·· 197

7.4　能量运行的建构表达 ·· 198

7.4.1　隔绝还是纠缠 ·· 198

7.4.2　"表演"的双重性 ·· 199

第 8 讲　图像，喻形的而非画面的

8.1　喻形的与画面的 ·· 204

8.2　对诸力的再现以及对建造的远离 ··························· 206

8.2.1　对诸力的应对与再现 ·· 207

8.2.2　对建造伦理的追问及其限度 ·································· 209

8.2.3　对建造的远离，亦或超越 ·································· 213

8.3　"景观社会"中建构的抵抗与局限 ························· 215

8.3.1　抗拒之虚妄 ·· 215

8.3.2　价值之坚持 ·· 217

8.4　"美"与"力"的平衡 ·· 221

8.4.1　塔沃拉的模棱两可 ·· 221

8.4.2　建构是对图像和技术的双重抵抗 ··························· 223

结语 ·· 228

图片来源 ·· 231

主要参考文献 ·· 237

人名汉译对照表 ·· 242

后记 ··· 245

基础篇

第 1 讲
建构为何，何为建构

1.1　为何要讨论建构

　　建筑乃建造而成，这是不言而喻的事实。但是也有许多建筑刻意隐匿了这种过程，抑或没有充分表现这种属性，使得它"看"上去不那么有建筑感。究竟什么是建筑感，可能莫衷一是，但这种被"造"的性质以及对它的承认与表现，应该是获得建筑感的一个重要途径。从最基本和最直接的层面而言，建构首先是面对这样的问题：如何实现和表现建筑这种被造的属性。

　　那么，为何要提出建构问题呢？

　　一方面，是因为对这种被造的属性的表达有着特别的意义。失却或是忽视了它，建筑中最动人的部分将不可避免地受到巨大的减损。历史上各时期对那种表面化风格的强调和滥用所带来的后果，便是明证。最近的例子当然是 20 世纪 80 年代建筑实践中所谓的"语言学转向"和"后现代主义"。另一方面，无论在教育还是实践中，这都是一个需要不断被提醒的任务，因为它太司空见惯而容易被忽略。不仅如此，它在不同技术时代和文化背景下，都面对不同的具体挑战。创造性地回应这些挑战，将会展现不同的潜力，因此它还是一个需要持续奋斗和探索的领域。

就建筑教育而言，当绘图独立于建造，便产生越来越多的缺乏建造可能与内涵的绘图，而建造也不再作为规定，也无法对设计做出贡献，这已经成为建筑设计训练中的典型问题。当然，学生作业中也有对于材料的考虑，但往往停留于形象化的贴图，最典型者莫过于在场景表现中对混凝土不加区分的使用，但是这只是对材料的滥用与贱用，是一种便宜行事的材料态度。

这种现象引得一些回溯性的批判，张永和便就多次讲述他1980 年代初在南京工学院（今天的东南大学）学习时的状况：“其实我在南工受的建筑教育是特别极端的……按照现在眼光看当时是完全不教建筑学的，就是教房屋设计。老师讲得非常具体，有好多东西都明确地告诉你，比方说挑一个雨篷不能超过 60cm，做个窗台，坡度是多少。又比如一般砖头怎么砌，表面是不是抹灰，要抹抹多厚。总之我学了 3 年盖房子，从来不会谈到任何想法，也不会谈到形式、审美、理论什么的，一概没有。”[1] 这在起初被当作一种需要批判和反思的对象，但是反过来，又恰恰构成了对那种过于强调“形式、审美、理论”的或是一味强调跨学科影响的建筑教育的批判。其中，也蕴藏着对绘画式建筑的质疑。绘画对建筑的重要性毋庸置疑，但是现代以来，也往往出现因为对画面效果或是理念的追求，而去除或压抑了建筑的建造属性。当我们把里特维尔德的施罗德宅（图 1-1）与莫内欧的戈麦兹·阿切博宅（Casa Gomez-Acebo）（图 1-2）放在一起时，其差异是不言自明的。

若是以实践领域论，就更有必要了，因为问题更为迫切。19世纪 60 年代，面对新材料、新工艺、新结构、新建造，欧洲建

图 1-1　施罗德宅，　　　　图 1-2　戈麦兹·阿切博宅，
　　　　里特维尔德，1924 年　　　　　莫内欧，1966—1968 年

筑便有一种倾向，脱离这些现实状况而堕入对历史风格的选用。面对这些，森佩尔重新定义了"风格"，并以此为题写作了他毕生最伟大的著作。20 世纪 60 年代以来，图像不再有建筑本体的意义，沦为资本与商业的装点与工具，形成布景化的城市景观。这一现象这在 1980 年代达至高峰。面对这些问题，弗兰姆普敦等学者呼吁回归建构。在中国，意识形态主导的风格化在 20 世纪由来已久，1980 年代开始受商业以及纷繁的建筑思潮的影响，建筑的外围要素长期占主导地位，针对这种状况，在 1990 年代末开始了对建构的引介与讨论。

1.2　对建构的诸般理解

可是，究竟什么是建构呢？这里有两个层面，首先是文字，然后是意义。

1.2.1　语言之于概念

就文字层面而言，"建构"是王骏阳教授对 Tectonic 的翻译。虽然也有学者认为可以沿用"构造"，此外也还会有其他诸如"营造""构筑""筑造"等译法，但如今，"建构"已经成为相对公认的 Tectonic 在汉语中的对等表述。需要指出的是，不同语言间的翻译，不仅仅是文字层面的搬弄，更重要的是意义上的转译。其间，既有尽量持有的对原语境的忠实，当然，也难免会有基于本语言而来的偏移，这种偏移既是一种扭曲，但也是一种创造。王骏阳教授在他的"《建构文化研究》译后记"的上篇，花了不少笔墨来特别阐述这一问题，也足见文字的斟酌对意义传达之重要。

对"Tectonic"这样的关键概念，字典式释义是不足的。首先，这些概念在历史长河中由于针对问题之转变等原因而产生含义之变迁。这种变迁对于深入地理解这样的概念以便在特定条件下再出发，具有至关重要的作用。然而通常情况下，字典不能给出这个过程。其次，这一概念中所承载的议题，在不同文明和文化传统中，往往表现出内容与价值方面的差异。而"语言是文化的家"，这使得不同语言间的彻底转译变得不可能，也因此转译这种努力往往伴随着对翻译中的接受方语言的创造性再造（词汇），或是对其既有词汇的创造性赋予（意义，或者含义）。

1.2.2　现代意义的建构

对于概念而言，更重要的当然还是在意义层面。今天我们在建筑学领域所讨论的建构，大多指的是 18 世纪以来因为材料科学和结构技术的进展，以及学科分化和其他学科领域的出现，而带来的对于建造和形式之关系的思考。作为建筑学中的一个理论范例，建构迟至 18 世纪后期方才出现。这一建构学也被米切尔·席沃扎称为"现代建构学"，而所谓"现代"，则不仅是时段上的界定，更重要也更有意义的是，它意味着建构学脱离了此前那种泛化的论述，建立起相对明确的问题与对象。

在《建构文化研究》一书中，弗兰姆普敦以"希腊哥特与新哥特：建构形式的盎格鲁—法兰西起源"和"建构的兴起：1750—1870 年间德国启蒙运动时期的核心形式和艺术形式"两章，描述了现代建构学起源与勃兴的过程[2]。

法国、英国和德国的建筑师和学者们在不同时期都做出了关键贡献。首先是此前几个世纪在欧洲大陆在材料和结构科学方面的进展，以及由此带来的建筑观念变化。根据弗兰姆普敦的论述，克劳德·佩罗在"实在美"和"相对美"之间的区分，瓦解了法国古典主义传统，因为这种"实在美"源自材料和几何秩序，而那些曾经被视作绝对的比例反倒只是一种"相对美"。其后，米歇尔·德·弗莱芒，柯德穆瓦长老，以及洛吉耶神父，都在理论层面探求希腊和哥特建筑的融合。他们试图保持希腊古典的形式高雅，同时又欣羡哥特建筑在结构与空间上的优异。于是一方面有了形式上的基本几何体的叠加和各部件在关系辨识上的"清晰明了"；但同时也希望借助新的结构与材料技术，来"翻译"哥特建筑的结构与空间，并把这些特质纳入到古典建筑的形式中去。实践方面，雅克－热尔曼·苏夫洛设计的巴黎圣热内维耶夫教堂（法国大革命后改为万神庙，又名先贤祠）于 1756—1813 年间建成，它通过拱顶结构与横梁结构的共存，将哥特结构的轻盈和希腊形式的纯粹结合起来，完成了希腊—哥特理想的理性主义使命。不过从类型和结构的角度看，它还是一件折中含混的作品：希腊十字与拉丁十字的平面混合，周边式柱廊的规整秩序与暗藏的扶壁之间的矛盾，结构性穹顶与反复出现的半圆形拱之间的错位，还有对于锻铁加固构件以及扒钉的隐藏（图 1-3）。

这些问题的推进与克服，要等到另一位法国建筑师亨利·拉

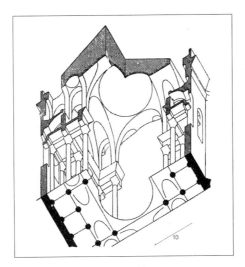

（a）仰视轴测

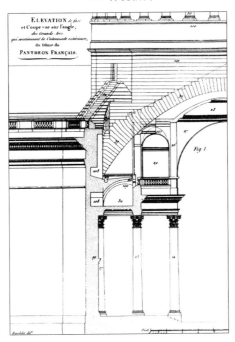

（b）近拱底处剖面

图 1-3　巴黎圣热内维耶夫教堂，苏夫洛，1756—1813 年

布鲁斯特。他的巴黎圣热内维耶夫图书馆建于 1838—1850 年，将预制的耐火铸铁拱形构架与一个经过特别建构设计的砌体建筑外壳融合起来。该建筑的精妙之处还在于，拉布鲁斯特不仅将这个受哥特结构启发的拱形构架插入砌体之中，而且还将构架的结构模数关系充分反映在建筑的外立面。外墙上的开窗节奏固然是一个明证，建筑师还以一个独具匠心的细部使之得到强化：位于铁肋根部起连接作用的铸铁杆件穿过厚厚的砌体外墙，在立面上形成一个个圆形的铸铁铆件，这个圆形构件在起到固定和拉接作用的同时，也在一定程度上再现了铁肋与砌体墙体的交接关系（图 1-4）。1854 年开始兴建的巴黎国家图书馆进一步发展了这种构架与墙体相组合的设计方法，但是其骨架本身，作为一种整体性的、由支柱承重的轻型结构，设计更为完美。16 根铸铁柱子支撑起 9个方形平面的穹顶一般的结构，每个单元的顶部有一个圆形天窗，为阅览室提供自然采光。整个屋顶传力清晰却又似乎轻盈无比，有如巨大的罗马式天篷，虽是室内，却创造了户外空间的感受（图 1-5）。这两个图书馆都通过铸铁的拱形结构实现了开敞通透的内部空间，其屋顶结构虽非尖券，但恰是在材料变化以后对石构哥特的转译。同时，在建筑形式上，并没有什么哥特细部，反倒是一种古典建筑气质的流露。有限的装饰元素也是直接产生于建筑的建造过程，可以说，二者都在努力寻求表里如一的建构表现。

如果说巴黎美术学院出身的拉布鲁斯特，虽然在结构与空间上已完全是新哥特的态度，但在形式上还带有一丝希腊哥特的影子；那么小他 13 岁并且与巴黎美术学院并无瓜葛的维奥莱 - 勒 - 迪克，则充分阐述了新哥特的理想，只是这些阐述最终都停留于理论层面。纵然如此，这些"纸面设计"还是颇为有力地表现了他的观点。在其 3000 座大厅的设计中，勒 - 迪克不仅表现了多边形屋顶结构，以及根据受力特点设计的铁构体系，而且开创性地向人们展现了结构

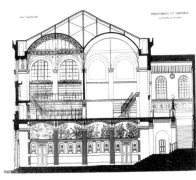 

（a）剖面　　　　　（b）构架与砌体连接
　　　　　　　　　　　　细部及外在表现

图 1-4　巴黎圣热内维耶夫图书馆，拉布鲁斯特，1838—1850 年

图 1-5　巴黎国立图书馆，拉布鲁斯特，1854—1875 年

理性主义的建筑原则（图 1-6）。比这些设计工作更为重要也更有持久影响力的，是他 1858—1872 年间出版的两卷本《建筑谈话录》。其中，他特别注意从结构和材料的角度解读哥特建筑，并以此寻求一种符合 19 世纪建筑的原则。勒 - 迪克的这些工作，在一定程度上奠定了现代建构学乃至现代建筑的思想基础。

不同于法国新哥特着重于吸收哥特建筑的空间特征与结构方

图 1-6 3000 座音乐大厅，维奥莱－勒－迪克，1864 年

式并努力在新的材料和结构技术下加以发展，以 A. W. N. 普金为代表的盎格鲁新哥特（哥特复兴），则首先是受宗教和民族激情的驱使。正如彼得·柯林斯所言，对于英国的新哥特来说，具有哥特建筑轮廓特征的形象比哥特建筑自身的结构理性以及根据哥特建筑结构原理设计的空间更为重要。

尽管在现代建构学的起源上法国居于核心地位，但是现代建构学在 18、19 世纪的兴起却主要是一种日耳曼现象。弗兰姆普敦在《建构文化研究》的第三章中以巨大的篇幅从理论和实践两个方面阐述了卡尔·弗雷德里希·辛克尔的关键作用，认为他的建筑生涯一直处在本体和再现的建构形式的矛盾之中。这两种倾向典型地反映在他的柏林歌唱协会建筑和柏林建筑学院大楼中。前者的独立木柱内廊刻意模仿了多立克柱廊（图 1-7），而后者厚重的砖砌檐饰则更具建构的本体价值（图 1-8）。

辛克尔尊重建筑的等级性，因而强调适宜性，不仅仅是身份，

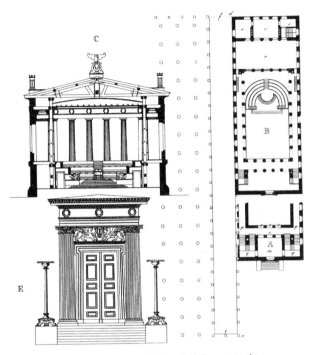

图 1-7　柏林音乐协会，辛克尔，1821 年

图 1-8　柏林建筑学院大楼，辛克尔，1836 年

还有具体的场地，以及所使用的结构与装饰。他对工艺的精确性和材料的丰富性的关注与佩罗的"实在美"有着千丝万缕的关系，其合目的性思想又与康德哲学有关。在他编写的《建筑学教程》中，建构问题与工程技术被区分开来，所选实例更多强调建构体系本身的问题，而非外在形式问题。在他自己的实践中，也往往根据建筑的类型区分和地位差异，而采取不同的处理方式。在柏林老博物馆中，面向皇家大花园的立面刻意采用了巨柱式。事实上，其正面、背面、内部之间的差异，正是把一个类型性建筑置于具体场地和工艺条件后的适应性处理（图 1-9a, b, c）。

辛克尔在普鲁士王国是如此重要，他对稍晚一些的卡尔·博迪舍和戈特弗里德·森佩尔都有着关键的影响。前者提出"核心形式"与"艺术形式"的区分，以弥合结构的本体地位和装饰的再现作用，这和森佩尔的面饰理论有诸多关联。当然，森佩尔对建筑的再现性方面又有着更为深入而细腻的区分与论述。关于这些，我们留待第 5 讲探讨建构文化时再稍作展开。

建构学为什么在 18、19 世纪又被提出并在德国兴起，固然有这样那样的原因，而德裔美国学者米歇尔·席沃扎的特别之处，是把它置于现代性的发展历程中加以观察，认为建构学在那一时期的兴起是更广泛意义上对于寻求秩序之努力的一部分。由德国建筑师和理论家们所倡导的建构学，正是对秩序的呼唤。其时，与启蒙运动并进的，是现代民族主义的滥觞，当然还有黑格尔对于艺术发展的浪漫主义时期的认定，以及其中体现的"一代知识分子对古希腊全盛时代的无限情怀，以及他们在各自领域将普鲁士视为一个理性基督教国家的理念。"[3] 另一方面，德国和大部分北欧地区处于工业化初期，制造、运输、影像等各种技术的进展以及由此导致的产业和生活方式的变化，还有快速的城市化进程，又正前所未有地动摇着文化的基础。铁和玻璃成为主要的建

（a）正立面

（b）背立面

（c）内部

图 1-9　柏林老博物馆，辛克尔，1830 年

筑材料，建筑学与工程学日渐分离，工程师主导下的实用主义工程学和纪念性建筑学之间的对立尖锐异常。

席沃扎指出，建构学的提出一方面在实践意义上致力于协调二者之间的关系；另一方面，尤其是对于德国的辛克尔、博迪舍和森佩尔等学者而言，他们有着更为高远的追求，"他们的理论试图将建筑学的装饰语言与艺术和知识的其他表达方式相联系，从而提升人们对建筑艺术的评价。就更为重要的后者而言，建构学称得上是源于西方古代的关于建筑学的哲学争论的结果。"[4] 如果说现代性的发展历程多以要求秩序、处理其与传统的相悖之处为特征，那么19世纪德国学者提出的建构学理论正是一个很好的例子。

1.2.3 词源学追溯及其现实意义

如果说在观念层面现代建构学以19世纪以来在一定程度上塑造了现代主义建筑的结构理性主义思想为核心，那么从历史向度来看，它则肇始于对希腊遗址的考古学发掘以及由此而来的对古希腊建筑的重新认识。这里当然也包含了对于其古代含义的承继与演绎。

Tectonic 来源于希腊语 Tekton（木匠或建造者），兼有建筑的双重概念："arche"（本源，主导者）以及"techne"（超构筑）的意思。其动词又与梵文词 taksan 有关，同样指木工相关的技艺。从根本上来说，它描述的是希腊神庙中支柱与梁的可见关系，以及随着时间的推移，对于这种可见关系的处理逐渐转化为艺术形式。在古希腊的荷马史诗中，它被用来指称一般意义上的建造技艺。公元前5世纪，更进一步拓展，不仅是物质意义上的木工技艺，而且获得了更为一般的、与制作（Poesis）相关的含义。

在这一时期，建构的核心特征在于它既非纯粹的智识思考，亦非今天我们常常以为的纯粹工匠技艺，而是二者的结合。亚里士多德《诗学》的中译者陈中梅先生以附录的形式对于古希腊时代的建构（Tekhnè）概念所作的专门论述。首先从词源学的角度来说，他指出："希腊词 Tekhnè 来自印欧语词干 Tekhn-，后者表示'木制品'或'木工'。比较梵语词 Taksan（'木工''建造者'），赫梯语词 Takkss-（'连合''建造'），拉丁语词 Texere（'编织''制造'）。"从这些来源可以明显看出节点在建构中的重要性。在此之外，他着重论述了这一概念在古希腊时期的丰富内涵和深厚含意。古希腊人知道 Tekhnai（Tekhnè 的复数形式）是方便和充实生活的"工具"，但是，他们没有用不同的词汇严格区分我们今天所说的"技术"和"艺术"。"Tekhnè（建构）是个笼统的术语，既指技术和技艺，亦指工艺和艺术，……作为技艺，Tekhnè 的目的是生产有实用价值的器具；作为艺术，Tekhnè 的目的是生产供人欣赏的作品。"Tekhnè 不仅仅是一种物质性的操作，它还是理性和"归纳"的产物。它在具有某种功用的行动的同时，还是指导行动的知识本身。但是，作为一种知识形态，Tekhnè 只是经验的总结。从这个意义上来说，Tekhnè 还不是经过哲学纯化的知识，较为可靠的知识是 Epistèmè（"系统知识""科学知识"）。"Tekhnè 和 Epistèmè 都高于一般的经验（Empeiria）。尽管 Tekhnè 的实施过程可能包含了对于经验的运用，但经验没有 Tekhnè 的精度（Akribeia）。经验倾向于排斥技艺（Atekhnos）。"并且，"Epistèmè 明显地高于 Tekhnè，前者是关于原则或原理的知识，后者是关于生产或制作的知识，前者针对永恒的存在，后者针对变动中的存在，前者制约着人的哲学思考，后者制约着人的制作和生产。作为低层次上的知识的概括者，Tekhnè 站在 Empeiria 的肩上，眺望着 Epistèmè 的光彩。"总之，"Tekhnè 是一种审核的原则，一种尺度和标准。盲目的、不受规则和规范制约的行动是没有 Tekhnè 可言的。Tekhnè 是一种摆脱了盲目和蛮干的力量。"[5] 这种超越工具性的，或者说努力在物性和智性之间取得平衡的意愿，恰恰是今天一定程度上被工具化了的建构所缺乏因而也应珍视的。

1.2.4 建构的现代复兴背后的学科含义 [6]

在工业革命的影响和文化观念的变迁以外，现代建构学在18和19世纪的复兴事实上也有建筑学本身的地位问题。米切尔·席沃扎在其"建筑学的建构哲学"一文中，对此进行了探讨。他以"自由艺术与机械艺术"和"高级艺术与次级艺术"这两对范畴来解释建筑学自古希腊时期以来的"悲惨"境遇：就前者而言，视觉艺术已经是自由艺术中的低等，建筑还是视觉艺术中的实用艺术，由非模拟属性的实在之物构成，自然就更等而次之了。这种认识从古希腊一直到中世纪，并无改观。就后者而言，它肇因于15和16世纪对世俗生活和古代知识的尊重，视觉艺术（包括建筑）越来越与自由艺术联系在一起。透视法的发明使视觉具有更多的几何特性，随后的科学进展更使其被看作自由艺术。18世纪新古典主义认为高级艺术的生命力在于它们对美的自然的模仿力，这样，尽管反视觉的惯例被推翻，因而绘画和雕塑的地位被提高，但建筑学的功能性和非模仿性使其职能被归为次级艺术。正是这种背景凸显出了建构学的历史贡献："它将借助视觉和模仿的艺术（比如绘画和雕塑）的新历史地位与工业文化对技术和物质变革的重视有机地融合到一起。"

席沃扎从温克尔曼开始，直至森佩尔，阐述了德国18和19世纪建构理论的一个重要特征，也就是它"精准地理解了物质结构与艺术再现之间的关系，对传统哲学与现代技术做出了回应"。温克尔曼的《古代建筑研究》似乎开创了这一方向，它用很大篇幅描述了古代建筑材料和建造技巧，开始不再从纯粹的视觉愉悦和模仿性上理解建筑，而是在视觉愉悦、结构、材料的综合作用中来理解。这样，他就丰富并转变了自由艺术的含义，为之加入了结构艺术的特征。19世纪初，阿洛瓦·希尔特进一步加强了对建筑物质性的解读。对于装饰，他不再将其解读为单纯的线性几何或是与人类模仿相关的象征性联想，而是把它看作过去结构（形式）的遗留，因此它反映了建造的行为。这样的理解在辛克尔、博迪舍和森佩尔那里得到了进一步的发展。装饰由指向外部的模仿，变为对于内部结构与建造的模仿（再现）。辛克尔从结构而不是其他装饰中寻求建筑装饰的象征意义，为现代建筑学指明了一条源于历史区通往自身发现的道路。希尔特之后，建构不仅试图联系外在装饰与内在结构，而且将这种关联与技术发展史相联系，建筑学从而可以提升到自由艺术之列。因此，在近代的德语里，建构的含义已经超越了希腊的建筑理念，而将建筑理解为结构和艺术的综合体系。建构的涵义不再局限于构筑，而是关注了建筑构筑的形式和（结构）功能之间的理性协调。这样，18至19世纪间兴起于德国的这种建构学，它一方面回应了哲学文献对于建构学的过低评价，同时也试图在工业化初期欧洲各国发生巨大变革的背景下对建筑美学作出新的诠释。通过将建筑的技术活动重新置于美学的中心位置，从而颠覆了建筑的低等机械艺术的地位。

席沃扎把18至19世纪的这种建构学称为"现代建构学"，这是一种强调"建筑师"个人想象力的、"建造中心化"的理论。与之相对照，他把弗兰姆普敦的建构学称为"新现代建构学"或者叫"后锋建构学"，这是一种针对建筑的商业化和图像化，以抵抗的策略试图恢复建筑的建造诗学及相关的场所观念、持久的意义的理论，它也是一种有关建筑实践走向的文化选择。在这种对建筑学在西方知识体系中学科地位的变迁的回顾中，以及对在这个变迁中建构理论的整合作用的审视中，席沃扎指出建构学的两个意义：首先，建构学从一开始就是在建筑学学科内整合学科知识和力量，并促使建筑学在关键的历史时刻发生深刻转向，而非单方面强调建筑的"物质性"和"建造性"。其次，他从这一理论视角拓展了当代建构理论，认为建构学应该像 150 年前的早期建构理论一样，缝合当代建筑在文科和工科、理论和实践上的新裂痕。

1.2.5　当下的多重含义

在今天的语境下，无论是中文还是西方语言，建构都并不仅仅是一个建筑学的概念。就中文而言，我们也常常会说一个社会的建构，一种思想的建构，一个框架的建构，等等。而在西方语言中，它更为常用的是在地质学领域，描述地壳的构成。在建筑领域，建构往往被当作品质，用以形容建筑，是一种实践的美学（Practical aesthetics）。150 年前，森佩尔便就如此来定义建构，而在他讨论建筑艺术四要素等问题的写作中，Tectonic 也被用来指代木构架本身。在这里，它成为一种构件或说组件。艺术史家阿道夫·波拜因则在 20 世纪 80 年代宣称，建构是一种"连接的艺术"（The art of joining）。当然，由此也就衍生出"节点"之于建构的非同寻常的意义了。之所以如此强调"连接"或是"节点"，可能是因为在建筑的体量远远超过人的身体尺度的前提下，材料必须要被分解为适合人体工作的尺度，并加以组合与连接。这在工业化以前主要依赖身体以及手工工具时尤为明显。不过，所谓的连接，也不应仅仅是纯粹功用性的行为，还有一种表现性，有着清晰表达的质量方面的要求。在此意义上，Articulation（关节、连接、清晰地说话）就更为合适了。事实上，在不同层面的连接，对不同对象的连接，一直以来就是建构的要义。因此，这些对于建构（或者说建构的诸多前身）的认识，看似与我们今天讨论的建构并无密切关系，但事实上它们奠定了并且也规定了现代建构学的思考领域和方式。

1.3　本土语境中的建构学

一般会认为，中国大陆的建构研究始于对肯尼斯·弗兰姆普敦的《建构文化研究》一书的引介（图 1-10）。在其最初于 1995年出版后，1996 年中文期刊便有书评介绍。不过真正引起关注还要等到几年以后。2001 年，王群（即王骏阳）在《A+D》连续发表了两篇"解读弗兰普顿的《建构文化研究》"（这本书的作者Kenneth Frampton 后来一般译为肯尼斯·弗兰姆普敦）。上篇一方面通过把《建构文化研究》置于弗兰姆普敦个人学术思想发展中，来帮助理解"建构"与"批判性"和"抵抗建筑学"的关系，从而描绘 1980 年代以来重新兴起的建构讨论的时代语境及其现实针对性；另一方面以本书第一章"绪论"为基准，讨论了建构的概念（词源学意义上的历史演变）及其内涵（即绪论中所谓"建构的视野"）。下篇对第二章"希腊哥特与新哥特：建构形式的盎

图 1-10　《建构文化研究》，肯尼斯·弗兰姆普敦著，王骏阳译，2007 年

格鲁－法兰西起源"进行解读，重点在于指出结构理性之于弗兰姆普敦意义上的建构的重要性，在这方面，法兰西起源至关重要。

《建构文化研究》中文版于 2007 年首版，2012 年再版，弗兰姆普敦为再版写了序。2012 年，王骏阳写了译后记，在《时代建筑》分三期连载。上篇首先精细地讨论了 Tectonic 的中文翻译问题，涉及语言和概念两个方面，生动地展示了一个历史丰厚的概念在进行跨文化／跨语言的转译中需要斟酌的诸多问题。然后从维奥莱－勒－迪克、辛克尔、波迪舍、森佩尔的联系与差异中展开对"建构／建造的诗学"这个核心命题的进一步解读。中篇对"建构－非建构"展开分辨，作者感叹"要在建筑实践中达到'结构的力学逻辑'与'物质形态的形式逻辑和建造逻辑'，或者说'波提舍核心形式'与'艺术形式'的完美统一常常只能是一种理想。然而，'建构'观念的价值恰恰应该在于对一种学科理想和专业原则的维系。"否则，"就不会有密斯从早期的先锋主义向后期的'古典主义'和'建造艺术'（Baukunst）的回归……也就没有伍重在悉尼歌剧院中标后的设计和建造过程中的对结构选型和建造逻辑的坚持和求索。"[7] 最终的下篇转向探讨有关建构学的学术讨论可能具有的意义，也就是把它置于批判建筑学的视野，并借助哈图尼安的写作回应现代性的挑战，通过对身边现象的批判性考察，更迫近地来阐述建构之于"我们"的意义。

如果说就建构这一概念的使用以及对建构问题之理论阐述的聚焦而言，大陆地区的建构研究始于对《建构文化研究》的引介，那么，就建构议题对建筑学问题的具体指向，更不要说在实践领域的施行——自觉的或不自觉的——而言，则不能这么武断。因为，建构中所讨论的这些基本问题是共同的，只要盖房子便会碰到，它们跨越了文化的不同。如果说建构的核心在于节点与连接，则中国的木构传统，其构件连接和节点崇拜，与欧洲相比有

过之而无不及。即便是近现代，也有堪足研究的资源。其中，20
世纪 50—70 年代"匮乏经济"中的匮乏时代，任何超过基本需
求或说必要性的东西都是一种多余。在这一背景下提出了"三材
节约"，并主要在"三线建设"中有了很多精减至极致的混凝土
与砖构建筑。它们不仅在艰困的条件下满足了空间方面的需求，
而且以材料、结构、建造自身的特性创造性地塑造了建筑的表现
力。直至 20 世纪 70 年代，在这种经济、节约、有效的价值导向下，
类似的建筑实践仍然蔚然成风。其中优秀者，在被忽视多年以后，
正引起学界的关注（图 1-11）。张永和所谓的"向工业建筑学习"，
正是呼吁把类似这样的实践作为学习和研究的对象，并以此来对
抗 1990 年代后期建筑中那些无谓的多余。

　　但是近代以来所面对的挑战以及对此作出的回应，无论是材
料 / 建造等物质性层面，还是它们与空间 / 形式的关系问题，都
肇始于欧洲，其理论形态的探讨也发端于那里，并且滋生和嫁接
于欧洲的文化和理论传统。与此相对照的是，改革开放后的民族
性的政治延续、地域性的文化突围、商业性的经济索求，以及语

图 1-11　合肥柴油机厂铸造车间和模具车间，1972 年

言学、符号学、后结构、文论、画论等共同构成的中国"后现代"的"理论"面目，恰恰等待和呼唤着一种回归性的理论和实践立场。这种状况在一定程度上是国际上"后现代主义"的翻版，也是在这种情况下，建构学在20世纪80年代以来得到复兴，而成为席沃扎所谓的"新现代建构学"。这一名称本身便说明它在一定程度上是对19世纪中后期"现代建构学"之议题的重述，因为它们面对的问题有共性，就是建筑的风格化和图像化。虽然造成这种状况各有因由：19世纪的问题在于承袭过去的形式，拒绝正视新的材料与技术可能；20世纪的图像化则更多是由于资本力量上升而来的视觉追逐，以及对于"苍白"现代主义的一种便宜行事的图像反叛。

这一时期，在王群（即王骏阳）的翻译与导读之外，就本土的写作与实践而言，张永和关于基本建筑的写作，王群对结构—空间—表皮之关系的论述，张永和、刘家琨的实践，王澍的建造实验，都至关重要。其中，张永和的"平常建筑"明确了约减之后得到的"基本建筑"，提出一种把建造而非理论（如哲学）作为起点的设计实践，从而得出关于建筑的一种可能定义："即建筑等于建造的材料、方法、过程和结果的总和。"于是，"建造形成一种思想方法，本身就构成一种理论，它讨论建造如何构成建筑的意义，而不是建造在建筑中的意义。"[8]约减到基本的"平常建筑"的提法有意识地针对了长久以来建筑界主流学术形态的基本内核——那种被简化了空间与建造内核的"鲍扎"体系。这一针对性使其在很大程度上与那时刚刚被引介的弗兰姆普敦的建构学论述绞结在一起，其响亮的话语与明确的主张，省却了弗氏话语更别说19世纪德语系讨论中的复杂暧昧，立场与意图都更易被抓获到。在聚焦结构的论述以外，也有另一方向的论述。王群的"空间、构造、表皮与极少主义"一文，以表皮为载体切入建构观念，指出赫尔佐格和德穆隆的建筑已经"完全脱离弗兰姆普敦的'建构文化'所能接受的范围，而在试验与自己的艺术趣味相符合的建构道路了。"[9]

赵辰的"'立面'的误会"最早发表于 2007 年的《读书》杂志[10]，其后和其他文章合并出版了文集，并以此文标题来命名。虽然本文正式发表的时间是 2007 年，但把赵辰的研究与教学工作连起来看的时候，会发现他对于传统形式之研究方法的质疑，对于传统建筑中建造因素的看重，早已存在。事实上，他在 20 世纪 90 年代后期写过一系列论文，对梁思成中国古典建筑（基于比例系统）的研究方法，以及背后的民族性和历史性展开讨论。就此而言，"'立面'的误会"毋宁是对其早期思考的进一步发展和提炼。其中的核心意旨，越过"立面"的形式比例分析，看到背后的结构、材料与建造因由，则是一以贯之，并在这篇文章里得到典型呈现。

在此以外，过去 20 多年中，一批学者和建筑师也试图对当代的生产、环境、文化状况作出回应。这些工作一方面是对经典建构学的反思，同时也是对它的拓展。

1.4　建构的基本议题

历史上涉及了艺术学、心理学等诸多学科领域的关于建构的讨论，是丰厚的理论资源，也会历久弥新。但是，在这些纷繁芜杂却也莫衷一是的学术讨论中，我们发现没有哪一种能够离开材料、结构、建造这三个问题。这是因为，任何房屋其初始和根本的能力都应该是结构稳定，能够有效隔离野生自然与室内环境。在寒冷和炎热地区，还需要提供遮阴或是避寒的基本热物理性能。随着家庭的逐步扩大，以及合作劳动或者交易的聚居需求，房屋在平面上或高度上扩展，但终归是为了满足自然环境、人体生理以及社会的自然发展。从满足这些需求的手段看，则不仅是位于底层的材料的可获得性问题，还包括它的运输和加工，也就是工具问题。当然，还有如何把这些材料有效地组合到一起的问题，也就是结构与建造。

事实上，材料、结构、建造无论在建筑的起始处，还是在它的发展进程中，或是当下，都是建筑的基本制约，同时也是推动建筑改变以满足人们需求的动因，它们是所有建构思考据以立足的核心与起点。接下来的三讲正是围绕这些来进行。需要指出的是，这三者密切相连，其中结构更是具有枢纽的地位。正如朱竞翔指出的："当材料的因素被过滤走，或者一种材料被其他材料替换，建筑系统就变成为结构系统，它表示材料的几何组织安排——例如网格、方向或者密度等，进而带来房屋定向受力的不同特性。"反过来说，当结构系统与特定的材料挂钩时，则已经"意味着具体的完成方式——包括材料准备、连接、工序、技术乃至附加系统，从而成为建造系统，当建造中的层数、最大跨度、围护系统也受到规限时，建造系统便指向建筑系统了"[11]。这种含义上的交叉与重叠，使得结构、建造与建筑系统并不能完全区分。

而在这些汗牛充栋的文献中，却甚少有学者甘冒风险去给建构下一个定义。有一个例外，1965 年，在一篇名为《结构，建造，建构》的论文中，哈佛大学教授爱德华·F·塞克勒做过这个尝试。他说所谓建构，其实就是"一种建筑表现性，它源自建造形式的受力特征，但最终的表现结果又不能仅仅从结构和构造的角度进行理解。"[12] 在这一关于建构所作的类似定义的表述中，塞克勒强调了结构与建造，但却没有提及材料问题。或许在他看来，材料是建构讨论中不言而喻的事情。

不言而喻者往往恰恰最基本，最不可割舍，也最有生发性。我们就从材料开始。

请思考：

1. 20 世纪的我们已经理所当然地把中文的"理论"等同于英文的"Theory"，但果真如此吗？它们各自指向什么呢？另外，理论一定能够指导实践（设计）吗？理论只能源自实践（设计）吗？它们究竟是如何互相作用的呢？

（建议提前阅读：①王骏阳的论文《理论何为？关于建筑理论教学的反思》；②戴维·莱瑟巴罗（David Leatherbarrow）的著作《建筑发明之根》（The Roots of Architectural Invention）的绪论"建筑学中的主题性思考"（Topical Questions in Architecture）；③雷蒙·威廉斯的《关键词：文化与社会的词汇》中的"理论"词条）

2. 对"TECTONIC"这样的关键概念，如何对待其字典释义？如何看待它在不同语言间转译的可能性和准确性？

（建议阅读刘东洋的论文《一则导言的导读》）

注释

[1] 张利 . 张永和访谈 [J]. 世界建筑 . 2017（10）：26. 此外，他在 2015 年 5 月东南大学建筑学院 90 周年院庆大会上的报告，以及 2019 年 7 月接受本人访谈时，都谈到过类似的问题。

[2] 以下关于希腊哥特与新哥特及其之于现代建构学起源之意义的文字，是对弗兰姆普敦《建构文化研究》（王骏阳的中文译本）第二章内容的极简要归纳，同时参照了王群（王骏阳）的《解读弗兰普顿的〈建构文化研究〉》（A+D，2001 年第 1 期和第 2 期）。关于辛克尔的论述，则是对《建构文化研究》第三章部分内容的归纳。目的在于梳理脉络并列明其中的关键人物及其工作，以便读者进一步阅读原文。具体文字不再一一注明出处。

[3] [美] 肯尼斯·弗兰姆普敦 . 建构文化研究：论 19 世纪和 20 世纪建筑中的建造诗学（修订版）[M]. 王骏阳，译 . 北京：中国建筑工业出版社，2007：67.

[4] 米切尔·席沃扎 . 建筑学的建构哲学 . 王丹丹，译 . 丁沃沃，胡恒 主编 . 建筑文化研究（第 1 辑，建构专辑）[C]. 北京：中央编译出版社，2009：27.

[5] 此处所引为这些概念辨析的主要观点，具体论述参见陈中梅，"Tekhnè"，载［古希腊］亚里士多德 . 诗学 [M]. 陈中梅，译 . 北京：商务印书馆，2003：234-245.

[6] 此部分内容是对于米切尔·席沃扎"建筑学的建构哲学"的相关内容的概括，具体文字引述不再一一注明。此文收录于丁沃沃和胡恒主编的《建筑文化研究》（第 1 辑，建构专辑）. 北京：中央编译出版社，2009：27-51.

[7] 王骏阳 . 建构文化研究译后记（中）[J]. 时代建筑，2011（05）：145.

[8] 张永和 . 平常建筑 [J]. 建筑师，1998（10）：27-34.

[9] 王群 . 空间，构造，表皮与极少主义：关于赫尔佐和德默隆建筑艺术的几点思考 [J]. 建筑师，1998（10）：44.

[10] 赵辰 ."立面"的误会 [J]. 读书，2007（2）：129-136.

[11] 朱竞翔 . 木建筑系统的当代分类与原则 [J]. 建筑学报，2014（4）：2-9.

[12] 这一如今通行的表述是王骏阳教授的归纳。塞克勒在此篇论文中的原文为："当某一结构概念经由建造得以实施，其视觉效果会通过一定的表现性品质来影响我们，这样的品质显然与诸力的作用以及建筑构件（根据力的作用而来的）相应安排有关，可是又不能仅仅用建造和结构来进行描述。对于这些表现了形式与力的关系的（建筑）品质，应该使用建构这个概念（来进行表述）。"（When a structural concept has found its implementation through construction, the visual result will affect us through certain expressive qualities which clearly have something to do with the play of forces and corresponding arrangement of parts in the building, yet cannot be described in terms of structure

and construction alone. For these qualities，which are expressive of a relation of form to force，the term tectonic should be reserved.）Eduard Sekler，"Structure，Construction，Tectonics，" in *Structure in Art and in Science*. New York：Brazil，1965，89-95，89.

第 2 讲
材料，以及对"本性"的顺逆

建筑终究是建造而成。在设计与建造尚未分离的漫长时间里，建筑活动首先是发现、获取、拣选材料，然后是加工、处理、连接材料。这根本上就是一个围绕材料展开的过程。它固然是一种物质性操作，但也一定是基于日积月累的思考、甄别、判断。与艺术家那种优先构想空间，而将建造当作实现空间和形态的支持手段的工作方式不同，建筑师一直都是在多重约束中寻找被局限下的自由。材料便是最重要的一种限制性条件。

但是当设计逐渐从建造中分化出来，二者的关系便日渐远离。此时，从设计角度而言，材料扮演着什么样的角色？它的在场与缺席会带来什么不同的结果？甚至，何为材料，是否有别的手段来模拟甚至是替代某一种材料？所有这些，便就都成了问题。

2.1　材料的在场与缺席

在张永和近乎传奇的对南工学生时代的回忆中，那是一种非常工程化、甚至以今天的眼光看是职校型的，培养施工员一般、可以即刻应用的教育方式，至于从中是否能够获得超过技术和技能知识层面的理解，则完全在于个人的造化了。为何如此？张永和给出的猜测是："原因是（文革）刚结束，老师们怕和意识形态挂钩，不敢讲。"[1] 如果把这种意识形态限定在政治领域，或许无可厚非。但若稍微拓展一些，难免问题重重。建筑中的材料问题，固然一定是技术与操作问题，但这种操作如何能够拒绝主观意愿？这种意愿虽然并不一定是审美，却无法回避值与立场，从而也无法拒绝判断。

当张永和有机会在北大开始自己的实验性建筑教学，他首先便就把真材实料带了进来。"虽然经历了南工，我还是太缺乏工程和实践方面的基本知识和训练，所以自己实践起来特别费劲。觉得一定得改变这种情况，就这样开始了。第一学年，就让学生们自己动手盖点房子。可费劲了，但我有些思想准备，首先时间上硕士生一年级就干这一个事儿。我们那地儿——静春园，是属于北大的后院——也有点地，也有点需要，不用花太多钱，头几年就盖了几个小东西。第一个房子，木工车间。"[2]（图 2-1）

21 世纪初，除北大以外，中国美院、东南大学、南京大学、香港中文大学，几所建筑院系也不约而同地开展了建造教学。固然切入的方式各有不同，但无不以真材实料为基础，以 1∶1 的实体搭建为对象，而非模型或模型材料。他们有一个共同的目标：把材料问题带回建筑课堂，因为建筑不仅仅是空间、造型与形式。而这个共同目标的达成源自类似的痛彻心扉的认识：过往建筑教育中材料的缺席。

图 2-1 北大木工车间制作过程，2001 年

当然，以教育或研究为目的，建造也并不总是物质性的，关键在于建造的思想。图纸作为一种记号系统，根本上而言是非物质性的。张永和在同济的教育使它呈现出新的可能，他让学生设计一个 30m² 的房子，但要求学生从第一张图开始就画 1：2 的，因为尺寸的巨大，身体被带入，痕迹也被留存。绘制让图纸具有了一种物质性（图 2-2）。这里，重要的是建造的目的："建造的目的如果很明确了，其实也不见得非得造。"因为"学生的思想方法是建造的，可是实际上他是通过画图完成的。"[3]

因此，材料不仅是建筑的物质性构成，它应该而且也可以成为思考与创造建筑的一种架构。这种认识挑战了自文艺复兴以来被视作当然的在设计与材料之间的分离，也拒绝那种"设计"先于并重于材料的观念。材料并非在设计完成以后的"选用"（Selected），而是在设计之初便要做出选择或者设想，特别是当设计者对于材料的属性有较好的把握时，虽然这种对于材料的理解是常常会隐含在建筑的初始构思之中。

（a）图纸　　　　　（b）图纸的绘制（建造）过程

图 2-2　比例为 1：2 的纸上建造，2004 年

当我们如此来认识建筑问题时，曾经习以为常的比例（Proportion）便不再只是部件彼此间可以等比例放大或缩小的抽象数值关系。当所有这些比例都由石、木、钢来实现，它必然要依材料的差异，或者说它自身的属性来作出调整。这是当材料重新在场后，不得不思考的问题。

2.2　所谓的材料"自身"，以及是什么定义了材料？

没有人会否认石不同于木，木区别于钢。然而，是什么定义了它们？是否有某种带有根本性的东西来界定了它们的性质？否则，我们又如何才能去依循并表现这种"材料的本性"呢？而这种态度，一直是现代建筑师们奉为圭臬的，希区柯克便在 1932 年以"遵从材料的本性"（In the Nature of Materials）为名出版了赖特的作品集，当然，赖特本人更是不会反对这样一种说辞或是立场的。他本人便在一系列的演讲和写作中，呼吁遵从材料的本性，并在自己的实践中，强调对材料的忠实。后来的路易斯·康更是有过之而无不及。

若无本性，又何谈忠实？

2.2.1 "本性"与"属性"[4]

本性（Nature），应该能够起到这样的作用：对事物之所以成为自己作出界定。因此，本性是内在于一类事物当中，使它们共享某种一致性同时又区别于其他事物的基本要素。那么，它应该是恒定的，不变的，是关于材料的思考与讨论的始点。因此，当我们说"材料的本性"，这一材料并不是指具体的某一块砖或是石，而是某种被抽象出来能够反映这一材料实质的东西，是材料之所以成为它自己而非它者的根本所在（The as-such of materials）。许多世纪以来，正是这一本性吸引了从维特鲁威到阿尔伯蒂，直至密斯、路易斯·康等现代主义大师，在每一次重要的建筑学转折酝酿和出现的时候，它都会占据建筑学论述的中心位置。

然而，对于何为本性，却深受职业立场之影响。戴维·莱瑟巴罗教授在他的《建筑发明之根》一书中（图2-3），对此有精辟论述：不论是结构工程师还是室内设计师，谁都认为自己领域内的材料属性居于主要的地位。而因为它们都是一个完整的建筑的根本需求，难分主次。但是本性难道不是只有一个吗？否则怎么是"本"呢？

在对于材料的认知和思考中，这一困境无法回避，因为有关本性的认知恰恰是建筑师选择材料的基础。而只要"材料的本性"处于这一模糊不清的状态，则所有关于结构和表面的区分，关于材料选择之标准的分辨都无所立足。但是，对于建筑中的材料而

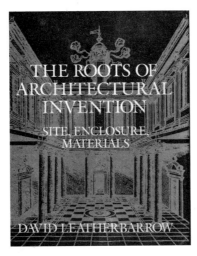

图 2-3　《建筑发明之根》，戴维·莱瑟巴罗，1993 年

言，所谓的"本性"从来都不是抽象的，它必须经由一些具体的属性方能呈现。换句话说，任何本性都必须经由"属性"方能被认识或感知，因此由对于本性（Nature）的思考而有对于属性（Property）的追问。所有的物质都有它独特的属性，也正是因为存在这些被称为属性的特征，我们才可以给各种不同的材料施以一种描述性的定义。

　　材料有着多种多样的不同属性，根据它们的恒定性与可变性，通常可以区分为两类，即基本属性（Primary property）和次要属性（Secondary property），或说第一、第二属性。前者往往指某种相对恒定的、长久的属性，如密度、硬度、绝热性能、承重性能。对于这一类属性的确定很大程度上有赖于自然科学的进展和手段。而后者则是那些易变的、偶然表现出来的特征，经由不同的加工工艺而改变，随着时间的流逝而改变。比如木材不同的采伐时间，大理石不同的加工方式，都会影响它们的表面效果，在自然气候的作用下，它们也会不断地变化而呈现出不同的面貌，甚至它们还会因环境光线的不同呈现出迥异的颜色和透明度。所有这些都非恒定不变的特质，甚至是随着环境际遇的变化而呈现出的某种偶然性面貌。所有这些，都会被当作材料的第二属性。

第一属性因其相对的恒定性，常常被当作材料的本性。但是，从人的知觉感受来看，难道不是那些可见可触的第二属性更为重要，更为根本，因而也理应更为当之无愧地成为材料本性之所在吗？这种双重承认的含糊其辞使得近代以来，虽然诸多建筑师声称要忠实于材料的本性，但是却恰恰有着种种纷繁复杂的理解与表现。而它们与建构有着密切关系，只是通常以结构属性与表面属性来描述。

在过去的两千年间，人们对于本性的认识与论述经历了逐渐从经由人工[5]（经验）来揭示，到经由实验（科学）来揭示的转变。

维特鲁威在其《建筑十书》中首次以文字形式区分了材料的基本属性和次要属性。归根结底，建筑中的材料都是经过处理的材料，从没有什么纯粹天然的材料。因此，对于材料本性的认识便成为一种手工的或者至少是某种身体性的知觉和领悟。阿尔伯蒂和波罗米尼的思考和实践表明，任何关于材料本性的思考，都必须要考虑到它在时间跨度上的变化，考虑到它的具体位置和与邻近建筑的相对关系。在建筑中，也便没有那种所谓的材料的"自身性质"（Things-in-themselves），因为，它总是具体时间和具体地点中的性质。莱瑟巴罗教授的一段话清晰地表达了这一观点："这种观点与当下那种认为材料的本性独立于人类活动，因而有一种自足的特质的观点背道而驰。……所谓材料的本性，正是经由人类的活动方才得以形成和彰显。……因此，假如说本性指的是独立于人类活动而自足存在的一种属性，那么，我的结论便是：这种本性，在建筑中是不存在的，也根本不可能存在。"[6]

于维特鲁威来说，发现不同材料之间或是它们的潜在形式之间的相似性，是一种艺术上的创造力，因而值得赞赏并为建筑师所必需。但后世学者对于建筑师的这种创造性（Ingenio mobili）却无法产生共鸣，这在很大程度上归因于 15—18 世纪材料科学的兴起。对于这些材料科学上的进展和发现，法国科学家和建筑师佩罗敏感地发现了它对于建筑学的意义，并且有了他所声称的建筑学上的两种美：一种是"实在美"（Beauté positive），一种是"任意美"（Beauté arbitraire），前者依赖于建筑材料的质量、施工工艺的考究、房屋的大小等，而比例、体型、外貌等则只属于后者[7]。事实上，那时所有关于材料的本性和真实性的讨论，都是基于已经大大发展了的材料科学。以（能够）理性分析的结果和（力学）性能作为材料的本性，克劳德·佩罗和卡罗·劳杜里开启了结构理性主义的先河，这也可以说是自维特鲁威以来关于材料的思考和认识中一个最为关键的转折点。伴随着 19 世纪水泥和铸铁等新材料的诞生和应用，这一认识在法国得到了更为系统的阐述，并深入到建筑的各个层面的认知和评判，也深刻地影响了现代建筑的进程。

"材料的本性"这一思考和研究范式本身便蕴含着一个内在的要求，即需要发现和界定一物之区别于另一物的特质。这必然涉及"表达自身还是模仿他材（Self-expression or imitation）"，亦即"真实性"的问题，反之亦然。就结构理性所内含的这种真实性而言，它根本上源自 17 世纪实验科学和计算科学的兴起而引致的材料科学的发展。这一发展也使得对于材料本性的思考逐渐脱离了个人化的和感官性的经验，而依赖一个可以检验的因而也相对客观的基础。现代建筑所执迷的忠实与模仿，以及更早一些时候路斯所坚持的"饰面的律令"——他完全不能接受把木头漆成像红木一样，从思想基础上都可以追溯至这里。

那么，路斯这里所在意的色彩，又是材料的哪种属性呢？我们必须引入材料问题中的另一对重要范畴。

2.2.2 材料的物质性与非物质性

色彩有两种，一是材料自身所具备的，二是附加或附着于材料之上的。前者内在于这种材料，并与材料的其他属性不可分离；后者则是外加的色彩，独立于被覆盖的材料而存在。色彩的这种来源上的差异，涉及材料的物质性与非物质性问题：前者指那些有一定形状或者可以表现为一定形状，至少也是经过人力或是自然的加工可以表现为一定形状的材料，传统材料中的石、木、土，现在材料中的钢、玻璃、混凝土，都莫不如此；后者，如涂料或油漆，则并无也不可能有自身的形状，而只能附着于别的具有一定形状的物体或物质之上。

物质性材料需要连接，因而必然呈现材料自身并留下连接的痕迹。即便是那些柔性的水合物，也因必须借助模板来塑型，从而记录下铸模的尺度与缝隙。但是非物质材料则全无此问题。也正是因为这一性质，它既招人喜爱，又惹人厌恶。

在施罗德宅（Schröder House，1924）中，建筑师里特维尔德把构件涂以多种色彩来强化建筑的抽象形式特征，构件表面的涂料不仅掩盖了具体建造的材料，而且还模糊了它的结构体系和承重方式（图 2-4）。它一方面强化了建筑的非物质性存在，同时经由对物质性的否定也突显了空间的灵动：封闭的盒子空间开始解体，内部的"房间"被打开，而每一个空间单元自身的特征则主要来源于与周边空间单元间的相互渗透。

密斯固然也对色彩有特殊的偏爱，但他更多是通过材料本身的物质属性来达成。这种物质性存在让材料拥有了一种属于自身的华美，而不必依赖别的任何要素。为了达到这种效果，不仅是

图 2-4　施罗德宅室内，里特维尔德，1924 年

材料的挑选，其加工、连接、搭配，也都至关重要。巴塞罗那德国馆的彩色大理石被打磨得如镜面一般，似乎要被光线吃掉，从而在不同位置不同光线条件下异彩纷呈，其干挂的连接方式也极尽精巧（图 2-5）。早几年完成的砖住宅，只有一种颜色，砖的颜色，为了保证工艺质量，一方面自荷兰进口上好的砖，并且还要按尺寸进行分拣归类，以确保砖的模数表现（图 2-6）。范斯沃斯宅中的壁炉，在钢和玻璃等人工材料构成的整体中，唯一使用砖这种能够给人带来家的温情的自然材料的地方，建筑师坚持雇佣他信得过的德国工人来砌筑。

2.2.3 "自然" 材料与人工材料

在肌肤之亲和家之温情以外，自然材料与人工材料的分别还意味着什么？

图 2-5　巴塞罗那德国馆，密斯·凡·德·罗，1929 年

图 2-6　伍尔夫宅，密斯·凡·德·罗，1925 年

所谓自然材料，这里指的是直接取自于土地或者自土地生长出来的天然材料，或者是以这些基本材料为原料经过（物理）加工但依然能够直观地透视到它的构成（Constituents）的材料，典型者如土、木，以及由此而来的砖、石。人工材料指的则是由这些基础材料或者是次生材料经过（化学）加工而合成，常见者如钢、玻璃，以及更为典型的塑料。当然，这种根据加工的方式和性质来做出的区分也只具有相对的意义，毕竟大部分加工过程其实都同时伴随着物理加工和化学反应，只是程度和含量不同而已。

这种区分虽然有一些材料科学的基础，但是它更为关注的显然是自然与人工之分别在建筑中的影响。这主要表现在两方面：一是材料的环境友好，也就是它在建筑废弃后回归自然且不造成危害的能力；另一方面是材料的身体友好，也就是材料在实际层面和意象层面给人的温暖感，它与身体在知觉上的亲近。显然，因为与土地的天然关系，自然材料更能够融入这个包括了人的身体的世界，从而也更能在时间中绽放光彩。当然这些丝毫不意味着任何绝对意义上的优越，因为易于回归自然恰恰是耐久性不够，而在时间中的变化也正说明它自身的脆弱。人工材料正是在这些方面有所补足，就更不要说在力学和其他性能上的优异了。

"人工化"不仅仅体现在材料本身的构成上，也体现在为着建造的目的而来的对材料的加工上。而建筑中的材料都是被加工过的，换句话说都是"人工"的。正是在这一意义上，建筑中没有纯粹意义上的天然材料，从根本上说所有建筑材料都是人工化的，因为"自人类可以仿造自然创造，我们很难再定义什么是自然的产物（Natural product）"[8]。这正说明，自然与人工的区分，在科学意义上不仅存在一个宽广且模糊的区间，而且在最深层的意义上，根本就没有这种区分。因为，归根结底，建筑中的材料都是人工化的自然。

2.3 三种典型材料

建筑的历史就是一部不断发现和应用新的材料的历史，但是，正如建筑学中的诸多技术命题一样，新的并不能完全替代老的。因此，建筑学的历史还是一部关于如何不断发现新的方式来使用已有材料的历史。也正是因为这一点，在 19 世纪，与所谓新材料（铸铁和钢筋混凝土）的使用同等重要的，是对于材料的新的使用方式。从新的材料和新的方式两方面来看，有一些材料对于建构学的讨论至关重要，因为它们有着特别的典型性。

2.3.1 木

几乎所有古老文明的建筑都始于木构。这固然因为木材在获取与加工上的便利，同时还因为它是获取能量的最为便利的手段，燃烧即可。于是，在文明之初已经展现了建筑学中两条技术主线——建造与环境，并有了"建造还是燃烧"的经典之问[9]。关于能量意义上的环境问题及其对于建构的影响，我们会在第 7 讲另行讨论，此处先聚焦建造问题。

木的独特属性在于其内部为纤维结构，因此同时具有了承拉、承压以及抗剪切的能力，并可以堆叠、起拱，或者跨越、叠涩。它所跨越的长久历史，以及向当代的延伸，都带来对建造的历史性理解。不仅如此，由木带来的框架性认知，可以用来延伸去理解那些尚未被覆盖、甚至还没有出现的建造系统，如近现代的钢铁建筑以及钢筋混凝土建筑。因为这些属性，木不仅有利于建立关于材料和建造的框架性认知，也最宜于用来讨论建构涉及的诸多问题。在森佩尔的写作中，Tectonic 有时就被用来指代木构架部分。在古希腊，它也说的是木工的事情。这种亲近性应该不是一种巧合，因为语言从来不会独立于具体的生活实践。

　　木的原始性使它在世界各个角落的民间得到广泛而持续的发展，并呈现出多样的结构体系与语法特征。木构建筑发展中的连续性，在很长时段都通过试错而来，这一方面表现出一种温和而实用的有效策略，但另一方面，它也难以呈现理论、技术所引发的突变，实践显得无法 "振聋发聩"，这往往使其在建筑史的写作中受到不公待遇。[10]

　　木构最有效的方式是以线性构件出现，在自身或是外物的辅助下进行连接，形成框架性结构。历经数千年并在不同文化中的试验与纠错，木构演化出有效而精美的连接与节点方式，并成为一个地域乃至民族的特征写照。结构上的穿斗、抬梁、斜撑；节点上的斗栱、榫卯；不一而足。但这并不意味着木构与线性构件之间存在必然关系，如 Log house 便就几乎是把木头当作砌块来使用，更不用说现代生产条件下像胶合板（Plywood）这样的 "新"材料。现代主义早期，它被认为是 "调和人类对艺术的驱动力与工业之间矛盾的一次尝试"[11]。在这最初的欢呼过后，理论家们有时认为它是一种 "虚假" 的表现手段，但即便如此，其实用性以及在艺术与工业之间的新可能，更别说它在当代可持续性议题下的出色表现，都有助于对这一古老材料的重新理解。

　　木构的典型性还体现在建筑师或研究者的个人志趣与态度。比如同为现代时期使用木构的巨匠，康拉德·瓦克斯曼钟情于对建筑系统的发明与改进，表现出一种纯粹而富有远见的技术探索，他的 "设计" 作品多是一种集成的、完全预制的总体建筑，空间中性且易于接纳变化（图 2-7）。而赖特则更为关注在具体建筑项目中进行片段化的尝试，从而更多是一种混成的、知性的设计试验，建筑空间具体而肯定。[12]（图 2-8）

　　木材因其纤维组成而抗弯能力卓越，即使在土石房屋中也常被用作水平跨域构件。又因其质轻，一直以来都代表了轻结构的

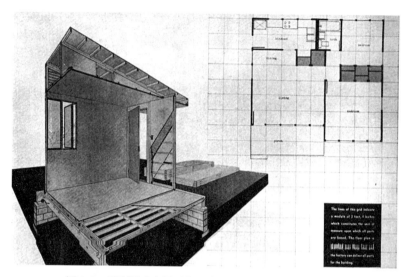

图 2-7　预制板式房屋系统，康拉德·瓦克斯曼，1947 年

图 2-8　赫伯特·雅各布斯住宅，赖特，1937 年

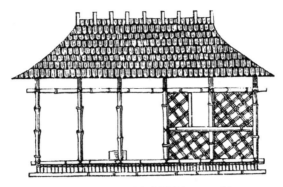

图 2-9　加勒比海棚屋图解，1851 年

一端。而与之相对的土石则自重很大，代表着重型建筑的一端。这种轻重之分也在森佩尔的建筑原型中出现（图 2-9），并被弗兰姆普敦所进一步解读：如果说代表着轻的、透的、亮的、搭接而成的架构部分（Tectonic）的是木，那么，代表了重的、实的、暗的、砌筑而成的土石部分（Stereotomic）的则是土，以及由土而来的其他类似材料。

2.3.2　（混凝）土

土是最早的材料，与木相生。中国一直以来就有土木的说法，足见其在建筑材料中的基本性和典型性。

土因软硬差异而提供不同的使用可能，北方的窑洞便是一种对土的使用方式，准确地说是利用方式。但夯土墙则一定是对土的使用方式，因为在夯筑的过程中，人的力量和意图都更主导和主动了。因为与水的易容性，而有了不同的夯土墙，并成为湿作业的典型。因其塑性特征，模板具有了特别的意义。这个模板，在实用性的工具意义以外，因其留下的印痕而甚至成为一种模"版"（图 2-10）。

在漫长的时间中，土生石，因其质硬，经由切割而有自身的形状。为了便于操作，土制成砖，成为单元性的、模块的砌筑材

图 2-10　中国美院象山校区水岸山居，王澍，2013 年

料的典型。因此，土是塑性的，依模板来形塑。同时，它也可以是单元性的，以模数来重组。

土虽然是一种具体的材料，但是对一类材料有着典型性。混凝土便是它在相似性质上的延伸，它同样依赖于水的拌合，也同样依赖于模板的形塑，并且，也与土一样，它既可以是塑性的，也可以加工成单元性的砌块。在这些表面相类似的属性以外，在内在机理上混凝土又与土有着巨大差异：它是基于矿物原料的加工，因此半自然、半人工，从而获得了特别的属性，其中最大的便是它的强度与耐久性。

今天的混凝土是水泥、沙、石子、水的混合物，并常常加入钢筋而成为钢筋混凝土，从而抗压和抗拉性能都很优异，成为 19 世纪以来最为普遍使用的材料。它的广泛而大量的使用，得益于水泥在这一时期的发明。与此相比，虽然古罗马时期也以混凝土创造了万神庙和大斗兽场等一批宏伟的建筑，但是它与今天的混凝土其实并非同一个东西，根本的区别便在于粘合剂[13]。不过无论是古代的还是现在的混凝土，其半自然半人工的特性，其既塑性又可单元固态的特性，都使其表现出一种模棱两可的特点，这种特点也让坚守材料"本性"的建筑师们大为懊恼。赖特便发出"混凝土之美何在"的疑问，因为在他看来：

"它是石头吗？既是，也不是。

它是灰泥吗？既是，也不是。

它是砖瓦吗？既是，也不是。

它是铸铁吗？既是，也不是。

可怜的混凝土啊，它仍旧在寻觅自己呢，只是难以逃离人们的手掌哦！"[14]

可是，比这更令人头大的材料还在接连出现，塑料便是其中的典型。

2.3.3　塑料

与木和土完全直接来自自然界不同，也与自然界的物质经过一定的化学反应形成的混凝土不同，塑料完全是一种人工物，完全是石油工业时代的合成品。也因此具有许多特别的属性，它具有极强的性能可塑性，也具有极强的表观模拟性。但是也恰恰因为这种几乎无限的可塑与模拟，它似乎成为一个没有"本性"的材料（图 2-11）。

具体而言，塑料提示了这样一个问题，那就是石油制品的自然性与非自然性。一方面，石油作为塑料的主要来源，直接来自土地（虽然是深处），从而有其一定的自然属性；但是另一方面，它又经受了非常复杂的化学工艺，多次改变了材料内在的化学结构，以至于根本无法辨认它与原料间的关联，这使得它具有无可

（a）Bobingen 的实验室，
Florain Nagler

（b）瑞科拉欧洲厂房，H&dM

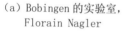

图 2-11　当代塑料材料的应用

争辩的人工性。不过，即便石油直接取自土地深处，但它毕竟不是基本资源，而是由生物沉积变化而来的地球次生资源。这再次说明，所谓自然与人工的分别，往往并非根本性质上的不同，而是对原料之认知方式以及加工之程度差异的结果。

这种人工性赋予塑料以不一般的光彩与黯淡。在瞬间意义上的时间中，它光彩照人。但是在足以风化的时间中，则不忍直视。它从来无法优雅地老去，化作废墟的沧桑，它留下的只是因枯萎而来的贫乏。狄更斯曾说"感谢上帝，它成了废墟"，但是狄更斯这句话中的"废墟"指向的是以古罗马遗迹为代表的建筑废墟。即便在其残缺状态，甚至正是因为这种残缺，那些以砖石为主要材料的遗迹才极具历史的沧桑与浑厚。至于木构，当其荒废，则多散落于环境，或是湮没于大地。留下的是萧索和遗憾，而非残缺之壮美。而塑料，在"废墟"中，则连这样的萧索和遗憾也没有，只有可鄙的嫌恶。

如果说无论土、砖、石，还是木，都可以记录时间，并因时间的痕迹而变得越发饱满而富于生命的话，这种时间的作用则是塑料无法承受之重。

塑料在美学价值上的缺陷，恰恰印证了一种相对更为实用主义的观点，即一种建筑材料的纯粹实用性应该优先于它的美感。最能体现塑料在这种意义上胜利的，恐怕就是 20 世纪 50 年代美国功能主义建筑师的作品以及 1960 年代狂热追捧生物形态的气囊等物化原型的那些建筑。尽管 1970 年代因为对原材料短缺的恐惧和生态循环的伦理关注，新保守主义浮出水面，但已无法抵抗塑料这种材料对生活的全方位渗透[15]。与这种实用主义视角不同，在社会学家眼里塑料不只是一种物质，一种材料，例如罗兰·巴特便把它看作一种"运动的轨迹"。在他看来，塑料是一种有待解读的奇观。它的可塑性给予了它在大自然中自由驰骋的原动力，但是当它成为一种实质存在，则已不再具有上述优势。于是，最终塑料因其可塑性优势创造了"仿制"材料的神话[16]。

2.4　材料置换，以及它的对立面观点

塑料因全能仿制而丧失自身"本性"，更因难以抗拒时间而在美学上遭受质疑。如何对待本性、模仿、时间？成为材料问题中一个重要而根本的问题。

材料对时间的承受，不仅仅是在风雨中的耐久，而且是即便在废墟中，也不失尊严，甚至更增风采。这样的考虑和追求，大约构成了西方纪念性建筑（如早期的神庙）中木构让位于石构的一个重要原因。但是这种石构与木构间的（形式）关系却问题重重：是模仿木构，还是探寻和表现石构自身的性质？森佩尔多次提到

的材料替换（Material substitution，stoffwechsel）[17]，即以一种材料模仿另一种材料的做法，正是对于这样的问题的回应。

　　森佩尔并不完全反对模仿，而是认为不同材料之间的"替换"是一种值得提倡的且事实上也是不可避免的做法。因为，人类固然要尊重材料自身特性，但是还须有更高的精神层面的追求。而正是经由创造性的模仿和挪用，正是在具体材料的转化与替换中，建造的本质内涵与它的精神才得以保存，形式的象征意义也才得以延续。最为典型的便是希腊神庙在由木构向石构的转换中，虽然材料改变了，但是梁头在形式上则通过三陇板这种"模仿"做法得到延续，而其所负载的象征意义也被保留（图 2-12），这与维特鲁威的"延续精神的建造"（Building up in spirit）和"发明"（Find within，invenio）的观点多有共通之处[18]。需要特

图 2-12　希腊神庙之三陇板的木构原型

别注意的是，所谓材料转化针对的并非产品的实用性方面，而
是"制作者在（通过）塑造材料（来制作艺术作品）时表达宇宙
的规律和秩序，也正是这一部分揭示出作品中制作者的有意识的
努力"[19]。

但是，其时已然盛兴的结构理性主义者是断断不能接受这一
点的。

此前，劳杜里就质疑过这种模仿行为：为何石材或者木材就
不能再现（Represent）它们自身呢？所谓的"石材再现它自身"
这一说法，其潜在含义是认为在石材这种材料中存在某种独特的
属性和品质，正是它们使石材内在地成为一种独特的材料，也使
建筑师能够据此来确定建筑构件的形式和形状。劳杜里认为，材
料的形式应该与它独特的属性相一致。只是劳杜里这里所谓的属
性，无一例外指的都是材料的力学属性，它的柔度、弹性、硬度
等，也就是那些唯有借助材料科学发展所取得的成果才能被发掘
和得以确定的内在特征。而材料科学的进展和成果，对于劳杜里
及其后来的追随者和发展者来说有着特殊的意义，因为他们相信
材料的力学性能将最终决定它们的连接（Articulation）或者再
现方式（Representation）。关于再现，劳杜里说"再现是由材
料的性能而来的单独或者总体的表达，它必须与材料的几何的、
算术的、光学的属性相一致，并考虑到建筑的用途。"[20] 19 世纪
的结构理性主义与这一理解乍看上去并无差别，其实已经大相径
庭，因为在结构理性主义者对材料的讨论中，已经根本不存在所
谓的"再现"问题，结构已经成为一门独立的学科登堂入室，它
振开科学的翅膀，兀自飞翔。

请思考：

1. 如何看待建筑中材料的"自然性"与"人工性"？其界限何在？分别的意义又何在？由此更进一步，如何看待其"本性"与"真实性"问题？它们是内在于材料的某种客观的属性，还是人们主观获取的认识？

2. 从你的观察、思考、设计经验来看，还有哪些（类型的）材料对于建构讨论有着特别的典型性意义？具体表现在何处？并且，在本讲介入的角度以外，还有些什么特别的角度可以帮助我们发展对材料的独特认识和思考呢？

第 2 讲　材料，以及对"本性"的顺逆

注释

[1] 张利 . 张永和访谈 [J]. 世界建筑 . 2017（10）：26.

[2] 张利 . 张永和访谈 [J]. 世界建筑 . 2017（10）：28.

[3] 张利 . 张永和访谈 [J]. 世界建筑 . 2017（10）：29.

[4] 此部分论述主要源自《材料呈现——19 和 20 世纪西方建筑中材料的建造—空间双重性研究》的第一章的第一节"材料的'本性'"。

[5] 此处的"人工"指的是人的介入，从而获得了身体性的经验，这种主观的感受与后来那些经由实验来获得的"客观"知识形成认知方式上的对照。

[6] David Leatherbarrow，*The Roots of Architectural Invention*： *site*，*enclosure*，*materials*（New York： Cambridge University Press，1993），161.

[7] [英] 罗宾·米德尔顿，戴维·沃特金 . 新古典主义与 19 世纪建筑 . 邹晓玲等，译 . 北京：中国建筑工业出版社，2000：5. 需要指出的是，潜藏于佩罗这种两分法背后的并非实在与非实在的问题，也不是绝对与相对的问题，而是他所谓的"常识"（*Sens commun*）这一概念。也因此，那种直观的观察对于佩罗来说就具有特别重要的意义。他在人的直接的身体性知觉与人的常识之间建立了一种对应关系，而这也就是佩罗的实在美的真正含义。

[8] 参 见 Gerhard Auer，*Building Materials are Artificial by Nature*，in Daidalos（56，June 1995）. 20-35. Gerhard Auer 借用保罗·克利的观点"creates after nature，but as nature does"认为自人类开始仿造自然创造，就很难去分辨什么是真正的自然。他对建筑学中对"自然"（Nature）的界定提出了六个递进的层次，从"原始棚屋的材料"到"生物生成和机械化学"都可认为是"自然"（Nature），差异在于用什么样的手段去重新组织自然界生发的"原始物质"（Primary matter）。

[9] 瑞纳·班纳姆在他的《环境调控的建筑学》中有这样一段关于原始人和原始文明的理论叙事：在一场火灾过后，空地上散落着带有余烬的木头，凛冬将至，原始人在踌躇，是用这些木头搭建一个棚屋遮风避雨，还是用这些木头生一堆篝火取暖避寒？这恰恰是人类进行环境调控的两种基本方式。

[10] 朱竞翔 . 木建筑系统的当代分类与原则 . 建筑学报，2014（4）：2-9.

[11] Sigfried Giedion， "Bauhaus and Bauhauswoche zu Weimar"，in： Das Werk，9/1923，p232. 他认为这是一种艺术与工业之间的矛盾的尝试，并且一个时代的风格意志本能地从丰富的材料中选择那种符合自己心理需求的材料。这里的本能选择是玻璃、混凝土和铁。

[12] 朱竞翔 . 系统与个性：1930 年代康拉德·瓦克斯曼与弗兰克·劳埃德·赖特的木制建筑 [J]. 建筑学报，2015（7）：22-27.

[13] 简单来说，与今天在工厂生产的水泥不同，古罗马时期是通过加水以后火山灰和生石灰反应，代替了今天的水泥。而火山灰并非随处可见，这也是

051

为何古代的混凝土只在罗马一带盛行，因为在它南部的一个叫做 Pozzuoli 的小镇有一个大型火山群，周边有大量的火山灰。只是，与今天水泥作用下混凝土只要二十几天便达到最大强度不同，以古代"水泥"制成的混凝土要近半年的时间才可以。当古罗马帝国分裂，即便东罗马帝国保存了混凝土的知识，但是拜占庭附近没有火山，这决定了东罗马帝国没有办法继续生产混凝土。

[14] Frank Lloyd Wright，'In the Case of Architecture VII：The Meaning of Materials–Concrete'，*Architectural Record*（August 1928），repr. in Frank Lloyd Wright，*Collected Writings*，ed. Bruce Brooks Pfeiffer，vol. I（New York，1922），301.

[15] Gerhard *Auer，Building Materials are Artificial by Nature*，in Daidalos（56，June 1995），20-35. Auer 认为尽管塑料是一种没有任何美学价值的材料，但是当它在面对实用性的历史需求中，彻底战胜了"美感"，渗透进入了生活的方方面面。

[16] Roland Barthes. *Mythologies*（Média Diffusion，2015），97-99.

[17] *Stoffwechsel* 本义是"新陈代谢"，森佩尔在他的著述中借用来指代那些为着象征性的保存（symbolism conservation）而来的不同材料之间的替换（material substitution or transformation）。

[18] 参见 David Leatherbarrow，*The Roots of Architectural Invention*：site，enclosure，materials（New York：Cambridge University Press，1993），161.

[19] Wolfgang Hermann，*Gottfried Semper*：in search of architecture（Cambridge，Mass.：MIT Press，1984），151.

[20] Carlo Lodoli，转引自 David Leatherbarrow，*The Roots of Architectural Invention*：site，enclosure，materials（New York：Cambridge University Press，1993），189-190.

第3讲
结构，以及对它的再现

在有时也会用来指代一个实体的建筑物或构筑物以外，建筑话语中的结构有着双重含义：即力学——主要是重力但又不局限于重力——意义上的结构，以及关系意义上的结构。无论哪一含义的结构，诸要素之间的关系才是要义所在。即便是力学意义上的结构，其实它强调的也还是一种关系，一种抽去了具体材料以后的力的关系。当然，因为建筑中不存在没有材料的结构，所以客观而言，建筑结构表示了基于力学关系的对材料的几何组织安排，并进而带来房屋定向受力的不同特性。

对结构而言，力学合理性是基础，不过建筑师的着眼点当不局限于此，而应敏感于结构本身的形式意涵及其对空间的规定性。因此，一方面要发掘或顺应结构的空间性，另一方面，要对结构在建筑形式上是否以及为何得到再现或者暗示保持自觉。后者更是建构学的核心命题，它在很大程度上基于结构上的理性认识。

3.1 结构的"透明性"

当"文化"剩余，文明的"面纱"往往便覆盖了建筑的"骨骼"。讽刺作家卡尔·克劳斯说"别的地方的大街是柏油铺就，而维也纳的大街则铺满了'文化'"[1]。他讽刺的正是这么一种情形，那是 19 世纪末 20 世纪初，维也纳新开通的环形大道的两侧被折中主义建筑争相占据的时候（图 3-1）。这种对文化的静态的、历史的、图像的理解，确实往往会压制了那种"朴素"的建筑的诞生。这样的情况恰恰发生在材料科学和静力学在经过 3 个世纪的发展，已经足够支撑建筑师／工程师们做出理性判断的时候。在如何对待结构的问题上，确实没有科学主义那么简单。抛开那些以希腊式代表民主、罗马式彰显律法、文艺复兴式代表学院的极端现象不言，形式与结构之关系，或者说在多大程度上让结构得到再现，真是一个需要仔细辨别的事情。

3.1.1 结构理性主义

结构理性主义是一个被回溯性赋予的概念，它源自启蒙运动时期（更准确说是新古典时期）的一场理性运动，认为建筑的根

（a）维也纳老城地图　　　　（b）环形大道街景

图 3-1　维也纳环形大道项目

基首要在于科学，而非对于古代传统和原则的尊崇和效仿。理性主义建筑师们追随笛卡尔的哲学，强调形式的几何性并追求理想比例。自然形式与理性密不可分的观念渐得人心，相信科学之理性应当成为决定铺陈构件之准则。到 18 世纪末，迪朗甚至断言，建筑根本上就是彻底地以科学为本。其他建筑理论家们如科特莫瓦，威尼斯的勒杜里、洛吉耶、德坎西推进了建筑中的理性主义观念。这一时期，勒杜和布雷基于一系列基本几何体构成的建筑，更是成为启蒙运动时期理性主义的典型。

稍晚一些的法国建筑师拉布鲁斯特和佩雷更是擎着结构理性主义大旗横穿整个 19 世纪。专注于遗迹修复的建筑师和理论家维奥莱·勒 - 迪克为结构理性主义做出了理论上的奠基性贡献。20 世纪的建筑师们如贝尔拉格探索了依靠结构自身来创造空间，而无需装饰。这促进了现代主义建筑的形成。其中，勒·迪克的贡献是如此重要，以至萨默森认为"维奥莱 - 勒 - 迪克虽然也建造了一两座具有哥特风貌特征的建筑，却留下了可以作为现代建筑观念之基础的思想结构。"[2]

3.1.2　"透明"结构

偶尔，我们路过乡村的民房，会发现因拮据而来的"真实"的建筑，那种真实，使得房子除了结构几乎再无别的东西（图 3-2）。低造价成就了裸露的真实。类似的情况也会发生在工业建筑中，如我们在第 1 讲中提到的在"匮乏经济"时代发生的"三线建设"，任何超过基本需求的东西都是多余，因此而有了很多精减至极致的砖构建筑。

这些结构一目了然，易于理解。它们对于人的无论视觉还是认知而言，都没有遮蔽，诚实无欺，水晶般地"透明"。这种"透明"也暗含了一种或美学或理念上的追求，因此即便当经济并非那么匮

（a）结构"框架"外露　　　　　　　　（b）红砖墙体承重

图 3-2　南京高淳民房的结构与表现

乏，仍然会有这样的表现。建于武夷山中，华黎的竹筏育制场便是近年的一例。建筑师通过材料肌理和透明度的差异，精心区分了结构并予以暴露，且不施"脂粉"，以混凝土的本来面目示人（图 3-3）。这里固然也有经济性的考虑，但毫无疑问的是，建筑师把这种区分与呈现视作一种建筑品质，且不仅仅是视觉上的，而是抵达理念层面，它关乎何为建筑，以及何为好的建筑。建筑师这样表达了自己的态度："工业建筑往往因为功能性和经济性的诉求而回到更加关注建筑本体问题的一种状态，围绕建筑的功能需要展开对结构、采光、通风、尺度、材料、建造等基本问题的探讨，反而摆脱了形式意义问题的纠缠，不能说没有形式，形式只是自然呈现的结果。工业建筑的这样一种朴素状态，反倒不自觉地成为对消费时代里，建筑作为图像和符号往往背负过多本不属于它的意义这一现象的抵制。其中隐含的伦理即是建筑只代表它自身，而非它者。"[3]

图 3-3 武夷山竹筏育制场，华黎，2013 年

　　这种透明显然不是工业建筑的专属。更早一些的葡萄牙建筑师塔沃拉的网球场看台，因为采用了线性构件且有材料的区分，使得在"透明"的结构呈现上与竹筏育制场相比，有过之而无不及（图 3-4）。

　　在这个小小的亭子内，建筑师使用了木桁架、混凝土大横梁、花岗石柱等多种结构构件，但是因为围护体的弱化直至大部分消失，使得其多样的结构构件及其关系不可能被误读。与竹筏育制场的钢筋混凝土结构缺乏节点的表现不同，这里每一组构件的交接都需要仔细处理：木桁架与下面的梁柱之间以一小段金属构件相接，从而不必去损坏木头而影响它的受力，同时也保持了它在构件形态上的完整性与独立性；亭子背后的四根花岗石柱子并不直接落地，而是与白色的矮墙咬合在一起，进一步凸显了柱作为结构构件的独立性。这一原则还进一步延伸到非结构构件上：三片白墙彼此独立，而白墙的"白"还强化了它们与混凝土大梁和

（a）场地上的建筑外部

（b）看台二层内部

图 3-4　网球场看台和休息亭，费尔南多·塔沃拉，1956—1960 年

花岗石石柱的分离；面向网球场的栏板与垂直于它的白墙之间则以木质栏杆相连接，而这个栏杆则必须进一步通过中介物与墙体和栏板相连。

　　但是疑问也在此时升起：如果说金属连接构件的加入有着实际用途，石柱不落地则有违结构常理。因为这个刷白，使得结构构件之间的关系在收获了形式上的明晰后，真正的受力却不再那么"透明"。

3.1.3 "不透明"结构

这样的"不透明"，是迷惑人的，也是有欺骗性的和遮蔽性的。它常常为人之视觉不可穿透，甚至也是未受专业训练而未被发展的认知能力所不能穿透。

罗宾·埃文斯在"似是而非的对称性"一文中对巴塞罗那德国馆时期的密斯有着精辟的分析，揭示了密斯其时在表现和再现结构上的复杂性。在后人的挖掘下，发现那些似乎可以自由滑动的墙体其实也是要承载重力的，但是建筑师为了达到一个清晰的形式关系和概念结构，竟然要"无耻地否认它承重的事实"[4]（图 3-5）。在这里，清晰性被作为一个主要的价值标准：柱子是抵抗重力的，墙体是围合空间的。建构应该是理性的，而理性应该是清晰的、精确的，可以被抽象表达的。弗兰姆普敦也在《建构文化研究》中提出了质疑，并暗示了巴塞罗那德国馆的某种非建构性。因为建构的首要要素在于对重力关系或者说结构体系的忠实表现，事关建筑的建造性实质与它给予人的感官知觉之间的契合度，在于这一知觉效果能够在多大程度上真实地传达建筑的实质——不幸的是二者却常常不能完全统一。

但是显然，这并不是说"不透明"是一种缺陷。恰恰相反，因为其他诸多因素的考虑，建筑师的追求往往超越了单纯的对结构的暴露或是所谓的真实呈现。路易斯·康的金贝尔美术馆便是这方面的典型与范例，弗兰姆普敦在《建构文化研究》中详细分析了其中建筑师和结构工程师的协同工作：本应起加强结构作用的拱心石却为光线让了位，本应是抵抗侧推力的基座却是四根独立的柱子，它们让这部分结构看起来很不合常规，也给结构工

 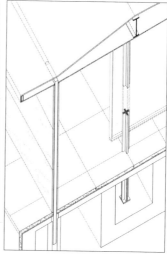

（a）施工照片　　　　　　　　（b）结构与构造

图 3-5　巴塞罗那德国馆，密斯·凡·德·罗，1929 年

师出了难题。科门丹特利用混凝土技术将壳体浇得极薄（最薄处 102mm），这些看起来像是拱一样的结构其实是曲面的梁，准确地说是壳体与梁的组合，这就使原本需要用来抵抗拱脚侧推力的两道剪力墙可以变为支承曲面梁壳的四颗柱子。同时他还调整了"拱"顶的剖面做法（图 3-6a）：①增加了光带两侧上翻梁高度；②增加了"拱"顶基座部分的壁厚；③对拱顶的长度方向进行后张拉预应力处理,使其得以达到 104 英尺（31.7m）的净跨度，并抵消梁身不可避免的弯曲变形；④最后，在梁壳的两个端部加上变截面边梁。

　　康接受了科门丹特的这些建议，并且在混凝土"拱"顶与灰华岩大理石覆盖的端墙之间留了一条被玻璃填充的缝隙，于是下部非承重的围护结构和上部"拱"顶彻底脱离，并且光线得以进入（图 3-6b，c）。梁壳两端的边梁在顶部加厚，底部变薄，这种

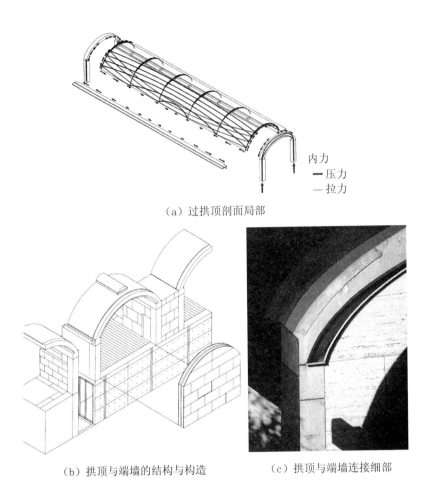

（a）过拱顶剖面局部

（b）拱顶与端墙的结构与构造　　　（c）拱顶与端墙连接细部

图 3-6　金贝尔美术馆，路易斯·康，1972 年

变截面回应了剪力变化，并使得"拱"顶更加轻盈。建筑师则以相反的变化方式处理了弧形缝隙，使缝隙与边梁形成的整体轮廓保持等宽。在这里结构受力的真实情况确实与其外观给人的暗示不一致，但这并非出于风格模仿而掩盖结构，而是建筑师和结构工程师创造性地利用当代结构技术，将光的设计融合进"筒拱"的原型性尝试。弗兰姆普敦就此评论道："若就他对维奥莱·勒-

迪克之戒律的追随而言，康无疑是个新哥特主义者；而若就其在工程需求被满足后仍孜孜以求形式之纯粹，则又分明是个希腊哥特主义者。"[5]

3.2 现代框架结构

概括说来，柱承重和墙承重可以认为是建筑中两种基本的承重方式。由于承重墙本身对空间有极强的规定性，其体量上的厚重感以及建造上的砌筑感也都明白无误地表明它对于重力的抵抗，因此对它的结构性再现通常不成问题。相对而言，柱却并不能凭借自身实现空间限定，而必须依赖与墙的协同作用。部分因为这种相对复杂的关系，对梁柱体系的结构再现往往会有更多需要斟酌之处。

就柱承重的结构体系而言，虽然无论是古希腊的石构梁柱[6]，还是在东亚地区广泛使用并得到充分发展的古代木构架[7]，都已具有框架结构的属性和雏形。但是我们今天所谓的框架结构，主要指19世纪以来以铸铁、钢、钢筋混凝土为材料的一种结构体系，也是所谓的现代框架结构。它的形塑过程以及广泛应用，几乎可以认为是从技术角度而言现代建筑史中最重大事件。而因其影响之广泛与深远，以及不同时期里对它的欢呼与偏移，对现代框架结构展开辨析便具有特别意义。

3.2.1 表皮独立

虽然从技术上来说，18世纪中叶，人们已经大约能够通过计算来决定承重构件的尺寸，但重要建筑物仍然以超过必须厚度的墙体来表达其尊贵地位，最典型者莫过于索夫洛设计的先贤祠。不过1871年的芝加哥大火以及随之而来的重建改变了这一切。

大火烧毁了全市近三分之一的建筑，迫切需要在短时间内新建大量房屋。在东部钢铁大王的鼓动下，建筑师们选择铁（或钢）框架来建设高层办公楼和住宅。这个框架足以承担重量，被剥除了装饰与支承功能的外墙，变成了框架之间（或者之前之后）的填充或是覆盖层。框架自成一体，外墙化为表皮，开始独立。

即便如此，墙体传统上所承担的再现性功能并没有被放弃，这也展示了框架与表皮关系的复杂性，那些填充部分越发变成一个饰面层，就像路易斯·沙利文的晚期作品中所表现的那样。事实上，"从框架在芝加哥的产生开始，建筑师便一直在墙体（一种过时的建造方式）的再现性和框架（一种当代生产方式下的新兴产物）的紧张关系中挣扎"。[8] 框架结构中玻璃的广泛应用并且越来越大，逐渐挑战了那些带有小窗洞的墙体的传统角色。虽然在这些芝加哥高层建筑中，窗户尺寸的扩大其本意在于增加室内的采光量，但它客观上带来了墙体的转化，模糊了窗与墙之间的分别，也弱化了墙体的再现性。

及至柯布西耶提出他的多米诺体系，现代框架结构及其空间与形式意义终于有了一种图解性的明晰：结构体系与围护体系彻底分离，并各司其职——重量由框架担起，围护仅限定空间（图 3-7）。

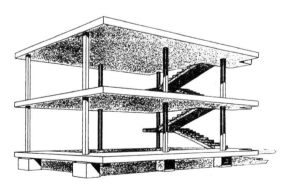

图 3-7　多米诺体系，勒·柯布西耶，1914 年

3.2.2 普通结构的不普通性

如此，框架非常容易成为一种工具性的存在。确实，无论是与古老的诸多结构形式相比，还是与 20 世纪诞生的薄壳、悬索、张拉膜等更富形态特征的新型结构相比，框架结构都是一种非常普通的结构，普通到可以让人根本意识不到它的存在。不仅如此，这个框架还常常被包在已经独立的表皮的内部，似乎整个建筑已经与其无关。这种横平竖直的"中性"构架固然契合了现代性中所谓的"匿名性"，但是，其形式表现力的乏善可陈终究是个遗憾。当"自由"的墙体完全承接过空间塑造的角色，框架似亦无从呈现其在空间层面的能力。放眼 20 世纪尤其是后半叶的建筑实践，不难发现这确实是现代框架结构的潜在危险。但是，恰恰也因为其普通性和大量性，对此作出的探索便更有普遍意义。

20 世纪 60 年代以来的南美现代建筑，利用混凝土的塑形能力，表现出框架结构本身的独特力量，其中，巴西建筑师维拉诺瓦·阿蒂加斯的实践堪称典型。他把建筑当作一种实现社会变革的力量，并且视裸露的混凝土结构为一种对真实的表现以及一种克制的态度，一种迥异于奥斯卡·尼迈耶形式主义追求的建造伦理。在这些建筑中，结构体系成为最重要的表现性因素，柱尤其被视作新的艺术象征或者说"新技术的兄弟"[9]。1961 年完成的安恩比网球俱乐部（Anhembi Tennis Club），通过对巨柱的雕塑化处理，获得了非凡的结构表现力。巴西的热带气候以及由此而来的对灰空间的巨大需求，让气候界面往往内收到结构以内，从而为这种结构性的表现力提供了需求与可能（图 3-8）。

这些远远超过结构所需的巨柱，从正面看去方能发现其"中空"的玄机。因为这个空，建筑师可以巧妙地把自由落水系统置于巨柱当中，为巨柱之巨赋予了雕塑美之外的合理性与正当性（图 3-9）。落水给予人听觉与视觉上的同时感染，打破了结构的

图 3-8　安恩比网球俱乐部底层灰空间，维拉诺瓦·阿蒂加斯，1961 年

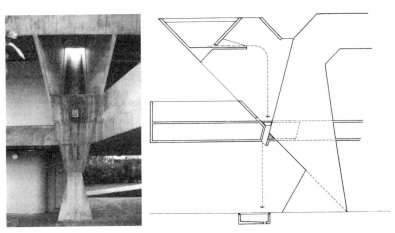

（a）异形柱及其排水利用　　　　　（b）异形柱及排水剖面图示

图 3-9　安恩比网球俱乐部，维拉诺瓦·阿蒂加斯，1961 年

沉寂，建筑因巨柱——准确说是经由落水——连接起天与地：它们正是水之由来，以及水之归处。

与这种大跨建筑中的框架结构所具有的潜在表现力相比，大部分框架结构其实是一种过于普通的结构，也就更容易湮没于建筑诸系统而归于沉默。不过，仔细阅读柯布西耶的多米诺体系图解，会发现此框架之意义并不止于承重，而是在空间与形式层面多有特别之处：悬挑的两个长边暗示了进深方向上的三个差异性空间，并且使"立面"可以完全独立于建筑的结构；两个端头止于柱子，暗示了另一种承重与围护的关系，并且提供了多个建筑单元连续拼接的方便；隐藏了密肋梁的厚板，则立即凸显了空间的水平性（图 3-10）。在这个图解中，柯布选择厚板而非梁板组合，得以回避可以预见的墙体与横梁之间常见的尴尬关系，但是也放弃了梁作为水平向构件的形式和空间作用。均质的框架若要参与塑造差异的空间，梁和柱需要在一定程度上脱离其纯粹力学意义

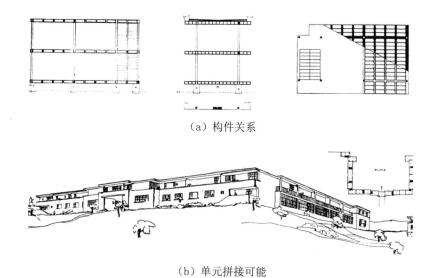

（a）构件关系

（b）单元拼接可能

图 3-10　多米诺体系的"尺度"，勒·柯布西耶，1914 年

的语境，借助梁柱关系通常不为人注意的微妙变化，对环境、空间、形式进行调节。

　　位于莫干山的宿里酒店是一个典型的框架结构，它正是通过对梁、板、柱等结构要素的位置、形状、比例，尤其是它们相互连接时的对位关系的调节，实现对空间和形式的有效干预。在建筑的正面与侧面，立柱与大梁均以内侧平齐为准来建立对位关系，这样立柱便在建筑外围均凸出于大梁，凸出的立柱赋予建筑拔地而出的上升感——建筑因之被建立，以及外部界面的节奏感（图 3-11a）。与此相反，在内院和后院部分，构件的连接则转向对水平空间的强化和表现，空间在内院和后山之间溢出，也给人以形式上的宁静体验。因所处位置的差异，构件也有了不同的具体做法和方式：横跨水池的三根梁，截面高且薄，阻挡向上离散的视线，释放水平延展的视野；两层房屋朝向庭院立面的大梁凸出于中柱；单层房屋伸向内院的屋檐板与混凝土梁呈搭接而非咬合的形式关系。这三组水平构件相对于竖向构件的凸出，从而不被交接构件打断的连续性，以及水平与垂直构件交接处产生的横向阴影，共同刻画了内院空间的水平性特征（图 3-11b）。最后，在面向后院的立面中，由于除了两端山墙上的梁以常规方式显现，其他那些与房间长向相平行的梁均以上翻梁的方式要么隐匿于屋顶之上，要么藏匿于房间隔墙，两层高的南立面得以仅示人以水平的封头梁和楼板，突出了此处水平向的空间关系（图 3-12）。通过这些处理，建筑师以一种经济的方式有效激发出框架结构干预空间生成的潜力，结果是随着使用者位置与视角的变化，建筑呈现出或通透或封闭，或垂直上升或水平延展的空间与形式多样性。

　　作为一种最为普通而普遍的结构，框架回应了标准化和预制化的大规模生产条件，也是这种条件下合乎逻辑的产物。在这里，

（a）面向公共空间的竖直向塑造

（b）面向中心庭院的水平向刻画

图3-11　莫干山宿里酒店，张旭，2017年

"建筑一方面被还原为一种纯粹的形式，而对其内容漠不关心；
另一方面，建筑又成为原始的经济力量驱动的结果。"[10]。这种
最普通的框架，因其中性而隐于背景，归于静默，它一方面激发

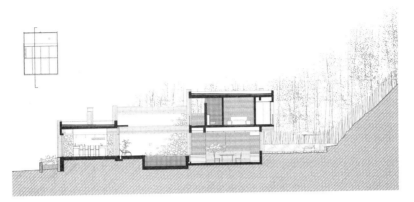

0 1 2　5m

（a）经过庭院的剖面

（b）面山的背面

图 3-12　莫干山宿里酒店，张旭，2017 年

了对建筑之形式自主的想象，另一方面又恰恰反映了经济等社会
条件对建筑形式的征服。两种相反相成的力量的博弈，为认识和
拓展框架结构的可能性提供了源源不断的动力。

3.2.3　柱与墙

阿尔伯蒂通过墙来定义了柱子，他说："一个柱列其实不过就是在几个地方开了洞口的墙。的确，就柱子本身的定义而言，将其描述为墙的一个确定的、坚固的和连续的片段，可能并不为错；它们自地面垂直竖起，高高向上，承起屋顶的重量。"[11] 在与墙的比较中，这一理解首先是形式和空间层面的，同时，也是结构和重力层面的。不仅墙与柱是一体的、可以转化的，而且结构、形式、空间也是一体的、契合的。

当梁柱交接、重复、延伸，形成"自主"的结构框架时，这种一体化的关系不复存在，柯布西耶欢呼道"墙被完全解放了"，密斯在巴塞罗那馆以后也似乎恍然大悟"墙只作为划分和限定空间的工具"。在这些对自由的欢呼中，空间成为墙体在平面上的划分，顶面却似乎不再存在。确实，因为屋顶变为薄板，空间的第三向度便只是一个不加区分的缺省值，并无什么特殊的属性。

结构的束缚不再，对墙体的限定于是止于几何关系，巴塞罗那德国馆的墙体便就几乎完全被格网所控制。与巴塞罗那德国馆不同，在密斯到美国后的建筑中，方柱被置于严格的梁架系统，不再像以前那样被置于光滑的平板之下并且似乎还可以自由移动，柱子并为分隔墙指示了位置。于是，框架与分隔墙的这种几何整合改变了空间特质，而梁柱关系的暴露则回归了建构形式（图 3-13）。弗兰姆普敦就此指出："自这时起，密斯的关注由那种现代主义的普遍空间，转向了框架以及节点的首要性。这是一个极其重要的转变，因为它意味着那种现代（空间）与传统（建造）之间的对立不再通过在承重支柱与空间围护系统之间的省略来加以调和。"[12]

这种墙柱之几何关系的整合与疏离，不仅与彼此之平面

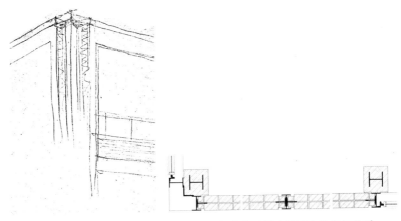

（a）转角做法的推敲　　　　（b）钢柱与砖墙在平面上的交接关系

图3-13　伊利诺伊理工学院校友会堂，密斯·凡·德·罗，1945年

相对位置有关，还受到柱截面形状的影响。还是以密斯为例，柯林·罗在把十字形柱/圆柱与方形柱/H形柱/I形柱相比较时，这样来表述二者与空间特质之间的关联："前者在空间意义上独立于墙体，后者则融入墙体并成为它的一个组成部分。……前者似乎是要把那些分隔墙推开，后者则像是要把它们拉近；前者对于空间中水平向的运动所造成的阻碍最小，后者则暗示一个更为实质性的终止；前者容易以自身为中心来限定一个空间，而后者则会作为外围护结构或是一个主要空间的外围的限定性构件。"[13]虽然密斯在1938年的雷瑟宅（Resor House）的方案中仍旧在使用了十字形钢柱，但随后很快就抛弃了这种做法，一起抛弃的还有所谓的自由平面，这种同时性应该并非一种巧合。

那么，在墙柱之关系上，是要自由，还是牵连？而假如拒绝墙柱之间的随意，那么，是仅仅在几何层面，还是要深入到结构？路易斯·康选择了后者，并由此在一定程度上重设了现代建筑的方向[14]。

　　对现代建筑中"纪念性"的探求，是这一态度转变背后的动力。虽然在二战前的住宅和小型艺术建筑上现代建筑已颇有建树，但是在体现建筑的公共价值和机构性地位方面，却仍乏善可陈。现在需要的是一种"新的纪念性"，一种能够满足"人们把集体力量转变成永恒的象征的要求"的东西，它"可以被定义为一种品质，一种贯穿于表现永恒性的结构之中的精神品质"。至于达成这种纪念性的路径，康认为可以在历史建筑中找到纪念性建筑的出发点，并且通过新技术来赋予它们现代性。他特别提到这种品质首先应该到哥特建筑的结构骨架以及古罗马的穹顶和拱顶这些已经在建筑史上留下深刻烙印的形式中去寻找。1950 年末 1951 年初与罗马的短短邂逅，更使他意识到体量与墙体的重要，这种体量不仅仅是柯布西耶形成光影的体量，而且是一种具有重量的体量；墙也不仅仅包裹和分隔空间的表皮，而是塑造和形成空间的结构。空间于是不再可以随意划分，康坚信"由穹顶创造的空间和穹顶下被墙体所分割的房间已经不是同样的空间了……一个房间必须是一个结构上的整体，或者是结构体系中一个有秩序的部分。"这在一定程度上是向帕拉蒂奥看齐，因为在他的建筑中，发现了也许别人早就发现的东西："一个房间就是一个明确的空间——通过它的建造来确定。"此时，圆厅别墅一定浮现在他的脑海中（图 3-14）。

　　在框架结构以及由之而来的自由墙体盛行的时候，路易斯·康说："永远不要在柱子间使用隔墙，就像不应该在睡觉时将头放在一个房间而脚却在另一个房间一样。"为了在现代技术条件下达到这种品质，康尝试了多种方式。

　　在阿德勒宅（Adler House）通过结构单元的几何错位对框架本身作出变异和区分（图 3-15）；在犹太社区中心（Jewish Community Center）的方案中，通过把结构空间化来塑造差异（图 3-16）；在特伦顿浴室（Trenton Bath House）中，以空心柱——

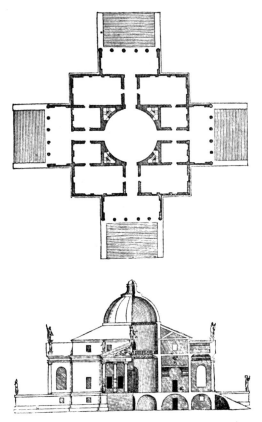

图 3-14　圆厅别墅，帕拉第奥，1567 年

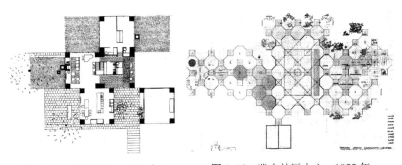

图 3-15　阿德勒宅，1954 年　　图 3-16　犹太社区中心，1955 年

空心柱便是一种墙柱混合体——来区分服务空间和被服务空间（图 3-17）；或者更早一些，在耶鲁美术馆（Yale Art Gallery）中，于规整的框架中置入了独立的由自承重墙体围合出的空间（图 3-18）；而在更晚一些的莫里斯宅（Morris House）和第一唯一神教派教堂和学校（First Unitarian Church and School）中，柱和墙完全融合协调作用，形成"建造而成的"具体而差异化的空间（图 3-19、图 3-20）。阿代什·杰叙隆犹太教会堂和学校（Adath Jeshurun Synagogue and School Building）中的空间 - 结构几何体组合，每一个几何体都既是空间的区分又是结构的不同，并由此形成了"缝隙空间"（图 3-21）。对缝隙空间的研究更是成为一种有效的手段，来同时保有理性的平面形式，却又不似

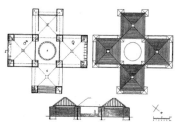

图 3-17 特伦顿浴室，1957 年

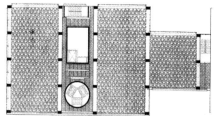

图 3-18 耶鲁美术馆，1951 年

图 3-19 莫里斯宅，1957 年　　图 3-20 第一唯一神教派教堂和学校，1961 年

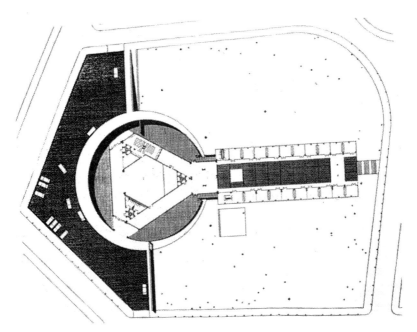

图 3-21 阿代什·杰叙隆犹太教会堂和学校，1955 年

传统的墙体承重的建筑那般封闭。砌体承重的古典建筑中，这些缝隙空间往往被填实，得益于新的技术条件，这个在平面图上曾经常常被"涂黑"的部分，如今也有了光明，成为空间。就此而言，路易斯·康记起了传统，但是变更了传统，为现代生活提供了可能。这种因 20 世纪的结构技术而来的可能，使其"空心柱"概念得以成为现实。或许可以说，在 1950 年后的 20 年间，他的所有工作都可以认为是在"空心柱"的不同尺度上展开，以此达到空间上被限定前提下的开放，而这种封闭与开敞的对立与协调，又完全依赖结构体来实现。这赋予了他的建筑以非同一般的"有力"的秩序。

如果说这些都是在平面上做出的变化，特伦顿浴室和唯一神教派教堂和学校的屋顶（图 3-22、图 3-23），更是强化了这种"建

图 3-22　特伦顿浴室屋顶

图 3-23　唯一神教派教堂和学校屋顶

造而成的"空间。也正因为此，康更偏爱耶鲁美术馆那张能够反映独特的楼板结构的顶视图，因为当空间只能是被夹在两层楼板之间的水平状时，结构的区分完成了对空间区域的建造性和结构性暗示。透过显明的美学偏好，隐藏在背后的是建筑师在建造和空间伦理层面的坚持和追求，一种基于事物本质的有机性和整体性，这种关系不可以通过虚饰来达成。

3.3　结构体系的纯粹与混杂

柱与墙的复杂关系，是结构体系之纯粹与混杂的一个缩影。纯粹而单一的结构体系有如概念般明晰，易于理解，并常常博得理性的声誉。当现代框架结构方便而有效地区分了重力抵抗与空间划分之不同功能后，更是如此。但是，我们从来不能因此而忽视了组合结构的意义与潜力，相反，其独特的形式和空间内涵需要稍微深入的研究。

3.3.1　单一结构的理性和概念表象

密斯的新柏林美术馆直截了当（图 3-24），无论是其结构还是由此而来的形式，都无比纯粹、简明、清晰。这里，单一结构的受力体系，及其纯粹的几何形式呈现，都贡献了一种"概念"一般的结构品质，不为物羁，抽象而准确。[15]

这种往往由结构体系的单一性而来的概念性，传达了一种理性的意向，更是秩序的化身，成为建筑的一种特殊品质。它固然在乎承重的结构，但更看重作为关系的结构，于是构件之间几何关系的可读性和易读性至关重要。

为了表达这种单一结构体系的力与美，与实际的结构状况保持

图 3-24　新柏林美术馆，密斯·凡·德·罗，1968 年

一定距离是必要的。为了达到这一点，甚至要否定结构构件承重的事实：一根作为概念的梁必须是绝对平直的，不会弯曲。但是作为物质性的结构体，它一定有重量并因而一定有应力变形，因此物质性建筑中没有绝对意义上的概念结构。所谓的概念，只是一个意象，是一种可以无限趋近但永远无法抵达的理想。当一个实际结构非常规整、几何、单纯，便在一定程度上趋近了这种理想，也具有了概念结构的特征——新柏林美术馆的静力学形式关系一目了然，既是力的实际作用方式，也符合观者对于结构形式的感知、想象和期待。

不过即便是单一结构，有时也并不具有形式上的易读性。迪埃斯特的加筋砖砌拱，在平面和剖面上同时极尽变化之能事，产生不一般的表现力（图 3-25）。这里，虽完全不是横平竖直的形式"理性"，却在受力结构上实质理性。由此固然体会到概念之迷人，但也可知眼睛之欺骗，"理性"之虚妄。

虽然概念结构并不必然意味着结构形式上的单纯或单一，但在一种简化的含义上，单一结构因其在几何关系和形式呈现上更易于把握和理解——即便不是横平竖直，显然更容易表现出概念结构的特质。因为这种内在的单一与纯粹，建筑自身趋于完整和自足。此时，作为与背景相对的物体，建筑即便不对场地产生压迫，至少也可以和场地抗衡。

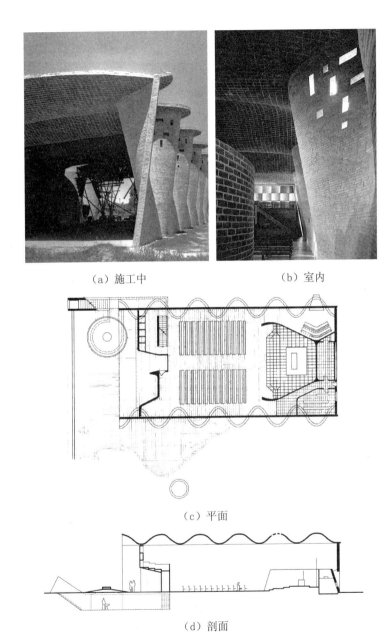

（a）施工中　　　　　　　　　　（b）室内

（c）平面

（d）剖面

图 3-25　基督圣工教堂，埃拉蒂奥·迪埃斯特，1958—1960 年

3.3.2 组合结构的形式与空间内涵

相较而言，组合结构则不可避免地具有一种混杂属性，因而也更为柔软，具有更好的适应性，在空间和地形方面都是如此。因为这种糅合以及对具体条件的体贴，在对结构的再现上，具有更多的复杂性。

埃克塞特图书馆居于这所著名中学校园的核心位置，而因其功能属性，也要求一种空间上的象征性。路易·康以混凝土撑起的大跨度中庭回应了这一需求，随后在外部围以一圈砖砌空间。这样的处理使得图书馆在塑造了特别的属于这个图书馆的内部空间与秩序的同时，得以与这个新英格兰地区历史名校的建筑保持风貌上的连续性。不仅如此，这一在水平方向展开的结构差异，也回应了外层阅览室和内层书库对承载力的不同需求。结构性材料的对比则创造了与各自空间相适宜的尺度和氛围：冷色调的混凝土赋予了一种中心性和纪念性，红色砖墙和暖色的木桌则塑造了更为宜人的阅读空间（图3-26）。

位于黄浦江边的大舍西岸工作室，则在竖直向进行了两种结构的组合处理（图3-27）。上下两分的方式调节了这个二层小筑的尺度，使其无论从尺度上还是材料上都与对面作为接待用的单层大空间建筑似而不同，让以树为中心的庭院活泼了起

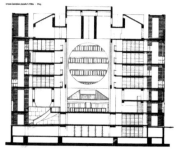

（a）阅览区　　　　　　　　　　（b）剖面

图3-26　埃克塞特图书馆，路易斯·康，1965年

（a）朝庭院立面

（b）二层工作室内部

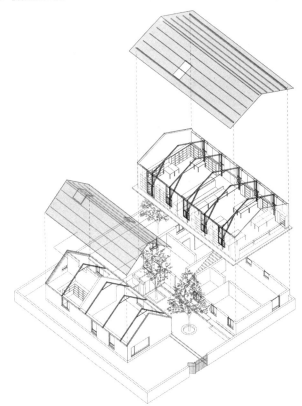

（c）轴测分解图

图 3-27 大舍西岸工作室，柳亦春，2012 年

来。藏纳了模型室和档案室的一层以连续的砖墙称重,幽暗沉重,尺度上被故意压低,二层轻钢结构的双坡顶下容纳了事务所的大工作室,开敞明亮,尺度上亦被故意拉伸。二者在结构、尺度、材料上的差异,让底层有如基座,并暗示了各自容纳的空间行为的层级性。

　　前述两者都坐落于平地,分别在水平向和竖直向对两种结构体系以并列的方式加以组合。瓦莱里欧·奥伽提（Valerio Olgiati）的工作室则位于坡地,两种结构体系上下两分,但彼此之间交叠互助（图3-28）。其首层为半开敞空间,钢筋混凝土结构,楼板被四颗柱和一个容纳了小旋转楼梯的核心筒撑起。上

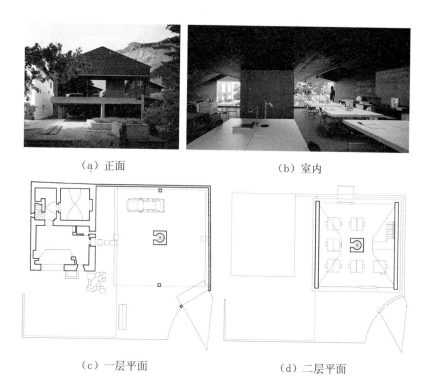

（a）正面　　　　　　　　　　（b）室内

（c）一层平面　　　　　　　　（d）二层平面

图3-28　奥伽提工作室

部为一个带阁楼的两层坡屋顶工作室主体空间，以木龙骨和预制压合板结构处理成一个结构整体，坐落在下面的钢筋混凝土"基座"上。阁楼部分在木龙骨墙两侧的楼板上打开梯形洞口，使下层空间能够感受到坡屋顶，并在相应区域上方的坡屋顶上开洞，使阁楼和下层空间获得采光。在底层，混凝土核心筒和柱子离开场地上的挡土墙，缝隙既方便底层通风，又保持了建筑的独立性。四颗柱子的特殊位置及其截面的差异化处理，使其不再是一般混凝土基座承托木房子的空间关系。

　　于组合结构而言，二者之间的交接至为关键。埃克塞特图书馆的水平结构仍是连续的，砖结构与混凝土结构的交接变成材料问题，建筑师结合设备布置，以金属材料作为过渡，并在这一连接空间的端头再次以金属器具加以强化（图 3-29）。大舍工作室以楼梯撕开楼板上的一个缺口，并进而让两侧的墙体自下面上升，超过混凝土楼板并侵入另一结构空间内。在外围护处，轻钢结构

图 3-29　埃克塞特图书馆砖结构与混凝土结构交接部分

体的金属外墙板稍稍突出于下部的混凝土，避免墙面落水对下部墙体的影响，与梁底齐平处出挑一块混凝土薄板，既为底层高窗遮雨挡光，也调节了上下两部分的比例关系（图3-30）。奥伽提同样是从内部与外部处理了两种结构体系的连接关系。房子中央的混凝土核心筒穿过楼板向上延伸，直至屋脊下方，与木桁架一同支撑着坡屋顶和阁楼楼板。它有如一个销，把上下两个结构体系"插"在一起。在外围护处，建筑师特意让木结构部分比混凝土楼板在平面上收进了一道梁的宽度，而混凝土楼板也特意做成了上翻梁，如此木结构部分和混凝土部分就不再是简单的叠加，而是有了包裹与交叉关系（图3-31）。通过对二者关系的仔细处理，建筑师创造了一个剖面化的组合结构体。

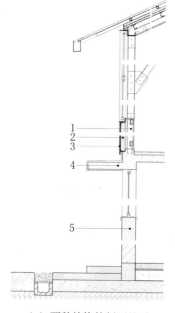

1 轻钢结构
2 瓦楞夹芯板外墙
3 外覆横纹波形钢板
4 钢筋混凝土梁板
5 清水砖墙

（a）两种结构的剖面关系　　（b）楼梯空间的延伸

图3-30　大舍西岸工作室的组合结构

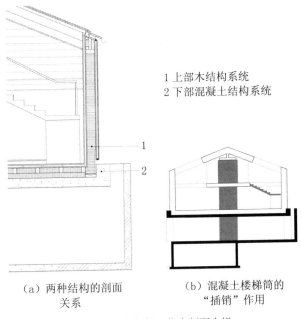

1 上部木结构系统
2 下部混凝土结构系统

（a）两种结构的剖面
　　　关系

（b）混凝土楼梯筒的
　　　"插销"作用

图 3-31　奥伽提工作室剖面大样

3.3.3　水平向力的尴尬再现与读解 [16]

　　结构的首要任务是抵抗重力，对水平向力的应对也从来不可避免。但是围绕重力展开的建构论述比比皆是，对于水平向力的表达则涉及甚少。虽然水平向力不似重力一般具有重要和显明的建筑形式后果，但是对其再现和读解方式的认识与回应，可能恰恰会暴露既有建构论述中的疏忽与简化。

　　水平力主要有地震作用和风荷载，二者看似毫无关联，但却奇异地经由重力互相影响。地震作用本质上通过重力来引发，它与建筑的重量正相关。风力或是其他的推力则由非自重力引发，当其极轻，则水平力主导；当其较重，水平力的主导性则要视长细比来决定，这也是在建筑中的典型情况。所以重力和水平力的关联性比较复杂，若仅就因为相对较重而引发的水平力来看，则有一个双向的变化：一个是为了应对地震水平作用而减重，但是减重之后对于风力等水平力的抵抗能力就会下降。这也是为什么轻的房子容易被吹跑，但重的房子容易被地震力摧毁的两难情况。结构上往往通过建造层级的组合来寻求最佳平衡点，协调应对。

不过所有这些，在再现层面其变化是很微小的。即便是一般的设计师，可能也无从去分辨这个层面的力与形之间的微妙关系，因为敏感度的阈值很难到达必须的程度。除非以一些特殊的甚至是夸张的方式对此作出表现，当然这已经是一个设计的问题了。这固然是再现的尴尬，但更是读解的尴尬。

3.4 眼与心，结构向何者再现

这些读解的尴尬，正说明对力的再现与读解之不易。核心在于，它并不能总以视觉的方式再现，而即便以视觉的方式再现，也往往会为了效果而混淆甚至欺骗。没有"心眼"（Mind eye）的加入和分辨，视觉根本无法穿透。水平向力可能是最典型也最困难者，但是类似的尴尬实在是一种普遍的状态。

3.4.1 受力实质与知觉表象

在巴塞罗那德国馆中，作为承力表象的效果，要远远重于对结构承力关系的真实表达。诚如罗宾·埃文斯所言，"密斯是一位（制造）模棱两可的大师，"而"如果密斯遵循什么逻辑的话，那只能是表象的逻辑。他的建筑的着眼点在于效果。效果是压倒一切的。"[17] 他以一切可能的手段来"欺骗"人有限的知觉能力，并隐藏建筑的受力实质。

　　柱与墙在空间上的明确分离，复加柱的规则布置与墙的"自由"滑行，都提示了它们承担的不同功能。但是这一表象并不符合建筑的受力实质，因为细细的十字形钢柱并非唯一的承重构件，墙体也并非仅仅用来分隔空间。当构件在空间上不能分离而是必须要搭接在一起时，密斯则以材料上的区分和对比，创造了一种非承重的幻象：无论从技术还是从视觉而言，这一建筑中的柱子都是重要的承重构件，然而吊顶所形成的无梁板的假象隐去了事实上的钢框架，也使支承与被支承的关系变得模棱两可。不仅如此，由于天花、柱、地板的材料截然不同，白色粉刷的屋顶更像是独立于承重支柱在空中浮动。难怪埃文斯断言密斯的兴趣并非仅仅在于建造的真实，他感兴趣的其实更是对于这种真实性的表现。而这"表现"，固然关乎受力实质，但更关注知觉表象，即它如何再现自己。

　　如果说视觉上的再现大约不会因人而异的话，如何解读和领会这种再现则要视各观察主体的知识背景，唯有训练有素的眼睛方能洞察背后不为人知的巧妙。

3.4.2　以心理重构来认知

　　因为建筑承担多重任务且彼此之间往往并不一致，它们之间的叠合便不完全契合或匹配，但也因此留下了机会。以结构而言，因为受到其他因素的"干扰"，它常常并不能尽显而只是"引而不发"，对这种关系的认知有赖于经想象而来的补全与重构。在坂本一成的"祖师谷的家"中，被墙体所包含的柱子不仅在窗口中显露，也在两个空间的相连处显露（图 3-32）。它们是结构性的构件吗？或者只是对洞口的一次夸张的次级划分？因为此处结构的不完整也不直白，想象于是得以进入。事实上既是结构，同时也是对空间关系的强化，但是作为结构体的柱子被部分遮掩，

图 3-32　祖师谷的家，坂本一成，1981 年

从而保留了空间的整体性。结构既不是最为重要的，但也不会因为空间的重要性便可把结构完全降至工具性地位。两个系统在这里叠合，并因观者的重构而交错进入前景和退入背景。

如果说在这个建筑中这种似是而非与模棱两可还只是表现于概念层面，在其他时候，则有着真实的结构基础，石上纯也（Junya Ishigami）在其神奈川工科大学 KAIT 工房中的柱子并不都是支承作用，虽然看上去清一色的竖直构件被置于屋顶和地板之间，但其中却既有受压构件，又有受拉构件，它们根据计算所得不均匀地分布在整个空间当中（图 3-33）。这种事实上的且极端的理性，因为差异于人们头脑中的习惯性意向，而让人迷茫，也引人深思，这在当代建筑中并不鲜见。

对于结构体作用机制的更深入认识，可能会使得结构在用料

 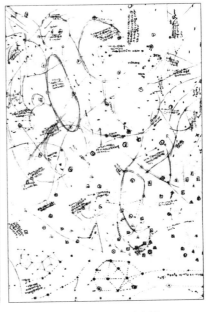

（a）室内的柱林　　　　　　　　（b）柱子的平面布置

图 3-33　神奈川工科大学 KAIT 工房，石上纯也，2008 年

效率上更为优化，在形式上也更为精巧和微妙。奥特广场综合楼
（Ottoplatz Building，1995—1999 年）乍看上去极端不合理，
其沿街底层十多米的跨度上只有一块薄薄的楼板"支撑"，而力
学知识告诉我们这里不可能是支撑，于是猜测上部那些错位布置、
看似规律却又大小不一的窗户是否暗藏玄机（图 3-34a）。确实，
于根·康策特（Jürg Conzertt）设计了一种特殊的复合墙板体系：
预制混凝土板传递竖直向的重力并提供刚度，斜拉的后张钢索则
把这些构件连同楼板共同联合成一个类似巨型桥梁桁架的空间结
构（图 3-34b）。每一块板内的钢索因为位置以及由此而来的受力
差异都会有不同的数量，并导致了窗洞的整体规整但是又大小不
一。这种不违背但是也不在形式层面直接表达结构状况的做法，

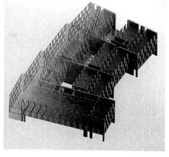

（a）面向街道的南立面　　　　　（b）预制墙板与后张钢索的
　　　　　　　　　　　　　　　　　　　混合受力

图 3-34　奥特广场综合楼

不会向眼睛直接呈现，而只以它精心布下的线索向心智敞开：大
空间的首层顶棚缺乏转换大梁的事实，让训练有素的头脑找寻其
背后的独特之处，并进而在棋盘格状的立面上发现对答案的暗示。

请思考：

1. 在芝加哥框架中，装饰对于结构有什么样的意义？它与更晚一些的现代框架相比，有着什么样的不同？而这种差异，又意味着在观念层面有着什么样的变化？

2. 就空间—结构关系而言，路易斯·康和早期的柯布西耶有什么不同？从美学和伦理的角度，你如何看待这种差异？这种差异对结构的再现有什么样的影响？在视觉性的再现以外，结构是否也可以有其他的方式来再现自己，让自己变得"可读"？

注释

[1] 卡尔·克劳斯（Karl Kraus，1874—1936 年），奥地利人，是 20 世纪上半叶最杰出的德语作家和语言大师之一。他是阿道夫·路斯的好友，对维也纳爱恨交织。克劳斯在 19 世纪走向终结时开始写作，其时，欧洲一个世纪的历史与文化的突飞猛进开始走向尾声。布莱希特在谈到克劳斯时说："当时代死于自己之手时，他就是那只手。"换句话说，正是他那犀利而充满悲悯的文章埋葬了他自己的时代。

[2] John Summerson.*Heavenly Mansions and Other Essays on Architecture*（NY：The Norton Library），1963：141.

[3] 华黎. 回归本体的建造：武夷山竹筏育制场设计. 时代建筑，2014（5）：91.

[4] 此处引用的是罗宾·埃文斯的评述。关于巴塞罗那馆这一方面的详细论述请参见 Robin Evans，"Mies van der Rohe's Paradoxical Symmetries，"in Robin Evans，*Translation from Drawing to Building and Other Essays*，Boston：The MIT Press，1997，p232-272. 中译文见罗宾·埃文斯. 钟文凯，刘宏伟. 密斯·凡·德·罗似是而非的对称 [J]. 时代建筑，2009（4）：122-131.

[5]Kenneth Frampton，Studies in Tectonic Culture：the poetics of construction in nineteenth and twentieth century architecture（MIT Press，c1995），243.

[6] 在欧洲建筑史中，以 Trabeated 来指代这种结构和形式类型，以区别于古罗马时期以拱券为主的 Arcuated，正是表明它已经具有了框架结构的雏形。

[7] 20 世纪早期现代建筑师对日本传统建筑的"发现"以及随后表现出的"向往"，很大程度上聚焦于其木构架体系带来的结构和空间等方面的启发。

[8] 戴维·莱瑟巴罗，莫森·莫斯塔法维. 表面建筑 [M]. 史永高，译. 南京：东南大学出版社，2017：37-39.

[9] Roberto Conduru，"Tropical Tectonics，"in Elisabetta Andreoli & Adrian Forty，ed.，*Brazil's Modern Architecture*（NY：Phaidon，2004）：78.

[10] Aureli，Pier Vittorio. "The Dom-ino Problem：Questioning the Architecture of Domestic Space." *Log* 30（2014）：153-168.

[11] Leon B. Alberti，*On the Art of Building in Ten Books*，trans. J. Rykwert，N. Leach，R. Tavernor（Cambridge，Mass.：The MIT Press，1988）：25.

[12] Kenneth Frampton，*Studies in Tectonic Culture：the poetics of construction in nineteenth and twentieth century architecture*（Cambridge, Mass.：MIT Press，c1995）：189-190.

[13] Colin Rowe，"Neoclassicism and Modern Architecture，"Part II，*Oppositions* 1（September 1973）：18.

[14] 戴维·B·布朗宁和戴维·G·德·龙在他们的《路易斯·I·康：在建筑的王国中》一书中详细分析了路易斯·康的这种转变与探索。本节接下来

有关路易斯·康对纪念性的理解以及他在 1950 年之后 10 年间探索空间与结构之关系的文字，主要是对于两位学者这一考察的极为简括的概述。其中，路易斯·康的言论皆转引自此书，不再一一列出。引文文字以该书中文版为主，并参阅其英文版（London：Thames & Hudson，1997）有所调整。[美] 戴维·B·布朗宁，戴维·G·德·龙 著.路易斯·I·康：在建筑的王国中 [M].马琴，译.北京：中国建筑工业出版社，2004.

[15] 关于结构的概念性的论述，受到罗宾·埃文斯 conceptual structure 的启发。参见 Robin Evans，"Mies van der Rohe's Paradoxical Symmetries，"in Robin Evans，*Translation from Drawing to Building and Other Essays*，Boston：The MIT Press，1997，p232-272.此文中译见罗宾·埃文斯.钟文凯，刘宏伟.密斯·凡·德·罗似是而非的对称 [J].时代建筑，2009（4）：122-131.

[16] 此部分论述得到朱竞翔的极大帮助。

[17] Robin Evans，"Mies van der Rohe's Paradoxical Symmetries，"in Robin Evans，*Translation from Drawing to Building and Other Essays*，Boston：The MIT Press，1997：232-272.

第4讲
建造，以及在概念物化中的调整

　　这里所谓的建造（Construction），指的是一个化概念（Idea）为实体（Entity）的过程，是一个把诸多材料与构件结构化为建筑的过程。如果说思考为哲学之根本，那么，建造则反映了建筑这一职业另一性质的根本——劳作，虽然，建筑从不排斥并且也不可脱离思考。当然，这是对建造的广义理解。

　　中文中近几十年来更为常用的"构造"一词，与建造相近，也常用来指代英文中的 Construction。不过，可能是出于建筑师的职业特征及其与结构工程师的分工习惯，构造往往特指对非结构部分所采取的动作。它们或者是不同构件间的连接拼装，或者是单一构件的层级组成，或者是与水、暖等性能提升相关的具体做法。这些绘制成图纸时俗称大样或详图。相较建造，这样的构造成为对化概念为实体之过程狭义表述。当然，这是就其类型与内容而言。若是从技术／文化层面来看，无论是建造还是构造，都是比较纯粹的技术与应用指向。尤其是构造，它几乎仅只是应用物理学意义上的术语，不再具有任何文化上的含义 [1]。在今天的中文语境中，虽然建造比构造在内容和范围上都更为广阔，但也并无建构之"诗作一体"（Poesis）之含义。

　　与建造相关的有许多前置内容，如材料的准备，即它的开采与加工，以及它的运输，前者是我们在第 1 讲已经讨论过的诸如自然与人工等主题，后者则直接导向本讲所要讨论的现场与离场、预制与再制。当然，这个后者，已经不仅仅是材料的准备，而同时也可能是构件的制备了。

4.1　连接与处理

　　那么，为何要制备构件？

　　固然山洞也是居所，不论是天然形成的还是人工挖凿的。但是，当人类从山洞中走出，开始建造自己的居所时，由于居所、身体、材料（构件）之间的尺度差异——房屋要大到能够容纳身体，

图 4-1　桂离宫

而构件要小到方便身体操作，构件的制备于是成为必须。而它们之间的连接，亦成为为着建构——一种连接的艺术——目的而来的建造讨论的主要内容（图4-1）。

4.1.1 对构件的连接[2]

最"简单"的连接是没有中介物，而仅是通过或借由重力而来的彼此之间的摩擦力进行"连接"。干垒的砖石，精巧的榫卯，都是如此。但是除非金字塔一般的形状，干垒并不稳固，需要通过中介物来连接。木构者若非榫卯，则也难免要倚赖绳索、铁件、钉子等可称为中介物的东西来连接。不论是砖石类的单元性构件，还是木构这样的线性构件，它们都可以依赖中介物或脱离中介物来完成连接。

如果说有中介物的连接不仅便捷、牢固，且富有美学层次的话，不依赖中介物的连接，则使得构件自身的性质得以突显：石之为石，砖之为砖，木之为木。最典型者如莫内欧的梅里达古罗马考古遗址博物馆。它的墙体中间以混凝土填充，外面覆以专门烧制的砖，其尺寸与质地都沿用了此地古罗马时期的做法。但是，砖缝之间并未像通常那样填以砂浆，本来是依赖湿连接的材料被以干连接的方式完成，似乎是一块块砖被垒在那里，充分地表达了一种可以被称为"砖性"（Brickness）的东西（图4-2）。

乍看上去，这些材料似乎天生地暗示着它们与某种建造方式的亲近性：砖、石指向砌筑（Stereo-tomic），木则指向架构（Tectonic或Framework）。这大抵不假，但也并不尽然：砖石发券的时候，便明显具有架构的特性，而井干式的木构则与砌筑无异。

在其拓展意义而言，"连接"对于建筑有着特别的意义，它意味着清晰地表达，使动作与意图可以被领会和理解。它对于建

（a）剖切图　　　　　（b）砖石砌筑方式

图 4-2　梅里达罗马艺术国家博物馆，拉斐尔·莫尼奥，1980—1985 年

构也至关重要，艺术史家阿道夫·波拜因便认为，建构根本上就是一种连接的艺术。

4.1.2　对表面的处理

并非所有材料都可以做成块状的单元或是线性的杆件，比如一直以来使用的土，或者今天非常普遍的混凝土。它们与水拌合的时候，根本上是一种塑性材料。当然可以以预制的方式做成块，于是有了砖或混凝土砌块，但更多的时候是现浇而成。此时，难言材料或构件的连接，因为它是浑然一体的。它没有了通常意义上的由连接而来的节点，至多只有表面上留下的接痕。

于是这成了对材料表面的处理，一种由建造工艺而来的材料的表面效果。今天的彩色夯土便通过对材料配比差异的夸张，表现了这种接痕。达卡的议会中心通过白色大理石的镶嵌，更是通过对两种材料之色彩与质感之差异的强化，而刻画了这一接痕。它一方面是对当地粗糙工艺的应对——混凝土的粗糙边缘因被大理石覆盖而显得精致异常；另一方面也把时间浇筑进了表面，成了建造的时间刻度——每两层大理石之间的混凝土墙体，便是工人一天劳作的成果（图 4-3）。在两天浇筑工作的交接处，恰恰是混凝土粗糙的边缘，它被白色大理石从色彩和质地两方面同时"消隐"。这一表面上通过材料变化而来的交接，固然有其纯粹视觉美学上的考虑，但是背后隐藏着的其实是建造的过程以及地方工艺的具体状况。

萨尔克生物研究所，凸起的尖棱是模板本身的尺度划分，阴影中的凹槽则是浇筑的划分（图 4-4）。此时，接痕所塑造的表面、模板印刻的划分、木模板本身的肌理三相并置，共同定义了混凝土的表面。路易斯·康敏感于由不同浇筑批次带来的接痕及其与模板本身接缝的差异，固然源自他对于连接的不能放弃，更

图 4-3　达卡国民议会大厦，路易斯·康，1961—1982 年

图 4-4　萨尔克生物研究所，路易斯·康，1959—1965 年

是因为他在意与连接相关的尺度，还有其中透露出的建造与身体之勾连。

　　这一猜想或许还可以在印度浦那的帕塔列斯瓦尔洞穴寺（Pataleshwar Cave Temple，Pune）那里得到证实。明明是从一整块巨石中凿挖而成，却通过对岩石表面的处理"再现"了石材构件的连接（图 4-5）。这种再现，是一种追忆，也是一种想望。

　　与塑性材料通过模板来进行表面处理不同，在这个印度神庙中，石材的表面痕迹并非经由模板等中介物留下，而是通过工具直接施加，是对材料表面的直接处理。显然，这种处理方式也更为常见和广泛。粗糙抑或圆润，取决于工具，更源自意图。事实上，建筑中不仅没有未经处理的材料，而且根本就没有未经处理的表面。这种表面处理不仅来自建造过程中的人力，且会在建成

（a）凿出的石柱　　　　　　　（b）面向外部的廊道

图 4-5　印度帕塔列斯瓦尔洞穴寺，8 世纪

后被居用者不断地处理，同时也在时间的流逝中被自然不断地处理，也就是通常所谓的风化。关于这一点，我们将在下篇讨论地形主题时再展开论述。

4.2　身体与工具

如果说为着讨论建构之目的而来的对建造的考察，其基本内容是构件的连接与表面的处理，那么无论是连接还是处理，施加这种种建造行为的，首先是身体，然后是作为身体之延伸的工具。身体与工具是作为劳作的建造的应有之义，也是展开其他有关建造之讨论的起点。

4.2.1　身体、工具、机器

从建造角度来说，工具便是对另一物质客体施行加工和进行改变的用具或器具（Tools），比如加工木材的锯子、刨子。它与材料直接接触，并对材料进行通常可以被感知的改变：通过切割与连接改变其几何尺寸、通过挤压与拉伸来改变其物理属性、通过打磨与凿毛来改变其外观面貌。这些工艺几乎最为原始，但却最为直观而根本地反映了使用工具可以达至的效用，以及可以引发的结果。

就这一意义来说，人类的身体便是最先的工具，后来的身体以外的工具只是（对）身体的延伸。这种延伸，首先是对人的肢体的延伸，是有限的躯体在面对建造材料由尺度问题带来的困难时的克服手段；而同样不可否认的是，它更是人的身体的延伸，它在根本上是人改造物质世界、实现自身目的的手段（图 4-6）。

就此而言，那些使用非自然力的机器，也不过就是工具的一种特别形式，是对身体的更大延伸。但是，非自然力的使用，一方面使机器与手的关系不再如传统工具一般亲密，从而引发了匠艺与工业化之长短之争；更重要的是，借助这些动力，机器可以独立于人力、畜力和其他自然力而独自运行，它于是可以独立于

图 4-6　昌迪加尔议会大厦，勒·柯布西耶，1951—1964 年

具体的地点,而建造也可以离场进行。由此并进一步引发了"预制"的可能与"再制"的需求。

4.2.2 预制与再制

如果说工具是人的肢体和身体的延伸,是对有限的躯体在面对建造材料由尺度问题带来的困难时的克服手段,那么"预制"则是为人们为实现快速而经济的建造发明的一种生产和组织方式。在这种方式下,离场预制,现场组装。虽然从原理上说,这种方式在木构民居中早已沿用多时,但是在工业化和标准化生产以后,它一方面可以更有效率地应对大规模建设,但同时也有一些问题需要克服。

"预制"一词中,在先的"预"并无法囊括建造过程中的所有要素,于是需要经过"再"处理。这种"再",可能是一种纠正,也可能是一种适应。在"预制—再制"这一对行为中,所谓的"再",固然意味着在建造过程中对预制构件的合目的性再处理,这种"再"将终止于建造完成的那一刻,但拓展一点来看,在建筑的完整生命中,环境与人事实上将一直对它进行"再"处理。这些因素虽较难预见和把控,然而为其做出准备或者留有余地,却是建筑师的当然职责。

因其不在场的构件与组件的生产,"预制"使建筑与场地的关联被弱化,但是通过现场的"再制"——包括建造当时的再制与后续环境对其的再制,则又使其与现场产生了新的连接,因此并不能武断地将"预制"建筑称为"离场"的建筑。当然直到今天,尽管过去的一个世纪不同地域都曾尝试以预制手段来建造,但即便是在建设需求最紧张急迫的地区,预制也未能实现理想中的大规模应用,其中原因多样而复杂,但核心在于"工业化"之程度。在相对落后的地域,往往试图依托"预制"这种看似高效的方式来短时间内完成大规模的建设，然而这些地域同时又恰恰处于一种未健全的工业化状态，或者说半工业化状态。这种状态常常为人所诟病，至少也感到遗憾，但同时它也蕴藏着特别的机会。

4.2.3　半工业化的属性和机会

所谓"半工业化"，指的便是延续数千年的手工劳作与工业化施工制造体系相共存与混合的状态。对于中国的情况，这个一般性定义还需要进一步限制：手工劳作源自相对丰沛却又低技的人力资源，工业化施工制造体系在短时间内快速发展。这种特点激化了半工业化中手工与机器之间的内在张力。以"半"前缀"工业化"后，这一概念涵盖了当前从"低技策略"的应对性特征到"精致化建造"的品质性诉求，从手工生产中的丰富差异性到"标准化"和"装配化"中的可控精确性。

在许多场合，王澍强调他的建筑是"湿的"，不是"干的"；是"会呼吸的"，是"会长毛的"[3]。"会呼吸"意味着他的建筑拥有与自然相联动的生命，"会长毛"则表明他的建筑欢迎气候、使用、时间对其施加的影响（图 4-7）。"干""湿"之分，固然有材料易受性的差异——它是否能够接受气候风化的影响并因这种影响而愈发丰满，但更重要的还是干、湿两种作业方式的分别。与机器制造的标准化和可靠性——其中当然有"干"的隐喻含义——不同，手的操作无论在如何严苛的要求下，都极具偶然，但也因此充满灵性。

既是"半"，就意味着不纯粹与非单一，意味着混合与兼具。这固然是就建筑的生产和建造方式而言，于是标准化、预制/组装化、体系化的工业化方式与手工操作并存；同时也是就其材料的选用而言，于是工业化的合成材料和自然的原生材料相混用。它不仅暗示了建筑中的身体性存留，也反映了自然物与人造物之

图 4-7　中国美院象山校园水岸山居，王澍，2013 年

间的张力。现代主义以来，与对机器理想的宣扬并行的还有对地
方条件的或被动屈从或主动表现，柯布西耶的马卓尔特住宅（Madrot
House）（图 4-8），布劳耶尔的美国住宅，何塞•路易•塞特和埃罗•沙
里宁的尝试，史密森夫妇和其后斯特林在英国的延续（图 4-9），
这是一条半工业化的应对之路，也几乎是一条"粗野主义"的萌
芽与发展之路。在这条线索中，粗野主义远不仅仅是一种美学追求，
还是对一种半工业化社会状况的伦理回应。它是直面现实的勇气，
也是由此而来的"如其所是"（As Found）的工作态度[4]。

　　半工业化提供了一种完全工业化之前的特别丰富而复杂的条
件。滋长于这些具体条件，接受其限制与馈赠，将激发蕴含其中
的生猛的实践力量。当前中国特别的设计体系和施工习惯是一个
严峻而现实的挑战，正视而非回避这些现实状况，创造性地超越
将错就错的无奈而展现变废为宝的智慧，才能避免建筑成为一个
精致但是移植的制品[5]。

图 4-8 马卓尔特住宅，勒·柯布西耶

图 4-9 亨斯坦顿中学，史密森夫妇，1949—1954 年

4.3 外围护体的建造模式

或许因为人的直立行走，直视前方，竖直的墙体成为至关重要的建筑组件。当然，另一种不那么浪漫的认知，是墙体围合和限定了空间，人于是才有了"家"。但无论如何，它承托重量，

遮风避雨，并作为脸面示人，集万千宠爱于一身。它的建造，成为多种意识的投射，而不同的建造模式既有实用的考虑，也反映了背后文化立场的差异。需要说明的是，这里的建造模式，指的是狭义的物质实体的建造方式，而非施工意义上的组织机制。

4.3.1 实体建造与层叠建造

不论多薄的墙体，都是有厚度的墙体。如何处理这厚度上材料的统一或是变化，形成外围护墙体的两种基本建造模式：实体建造与（Monolithic style）层叠建造（Incrusted style）。19 世纪的英国建筑师斯特雷特据此把威尼斯的建筑分为两类，前者如加法罗河边砖砌体外露的马尔切洛府邸（Palazzo Marcello），后者中最典型者莫过圣马可广场上那些大理石贴面的华丽建筑（图 4-10）。

历史地看，这两种建造方式与建筑风格之间并无必然的

（a）砖石砌筑的马尔切洛府邸　　　　（b）大理石贴面的圣马可教堂

图 4-10　威尼斯建筑

联系[6]。比如虽然从根本上来说，贝瑞（Auguste Perret）和瓦格纳（Otto Wagner）都是古典主义者，然而前者倾向于实体建造，后者更钟情于层叠建造。所有这些，都有一个默认的前提，就是这些墙都是承重墙。当现代框架结构进入建筑，墙体除了自身重量，不再担负其他。如果说早前的层叠建造基本无一例外是因为或装饰、或象征、或保护的考虑的话，如今的层叠建造则复杂许多。解除了墙体的负重而可以对保温隔热及防潮避水进行针对性设计，并容纳越发复杂的设备系统。

但是，恰恰在现代主义时期，在层叠式建造得到空前发展的时候，建筑师却渴望着实体建造的方式。这很大部分源自现代主义理想中对于所谓"诚实"和"透明"的追求，认为结构和材料应当得到传达，而不是遮掩。当然没有比实体建造更为理想的建造方式了。此时，在实体／层叠和框架／填充这两组关系之间，开始交错。就结构或者力的再现而言，如果说承重墙的问题是（其表层）脱还是不脱，那么在框架结构中，则是（这个框架）露还是不露。至于墙体本身，反正已经在承重之外。

在墙体尚还承重的时候，层叠建造以其外层的装饰（或者保护）遮蔽了起到承重之关键作用的墙体部分——或者说那才是真正的墙体——却被覆盖了。那么，对于一个已然不承重的外墙来说，无论它是框架中的填充，还是脱开框架的厚薄不一的外皮，讨论实体还是层叠（不得不说，此时其实内心隐藏着对于实体建造的欣羡），在满足一种对过往之"美好"、有力、"真实"形象的追忆以外，意义究竟何在？

4.3.2　表面的"重量"

或许，即便是这种"美好"、有力、"真实"也只是对于过去的一种想象。

威尼斯总督府虽然是中世纪的建筑，描述的现象或者说针对的问题却已然是文艺复兴的"立面"。这正说明，所谓古罗马和中世纪的建筑乃实体性建造，不过是一个在理念中的美丽重构。

即便不用大理石来饰面，也会把好的石材放在外面，而把碎石填在中间，即如阿尔伯蒂描述的那样。其实这本也是常理，好的总是向外。那么类似这样虽同为石材砌筑，却仍然在某种意义上分层，该又如何去定义？它或许确实难以去分层，但同样确然的，是其表面和内里的不同。那么，当我们在纠结于实体与层叠时，我们在意的究竟是什么？是基于对力之表达的重要性的认识而来的"承重"与否？是基于听觉与触觉而在意的"中空"与否？还是因主体之意识而来的"材料差异"与否？不能不说，在所有这些的背后，"真实"是一把隐藏的尺子。这种"真实"，可能是结构意义上的——真正承重的是否被呈现；也可能是材料意义上的——一物是否对于另一物的模仿；还是文化意义上的——本该具有的内涵是否被抽离。观念上的差异因 19 世纪末材料加工与建造技术的进步而激化。

机器加工使贵重华美的材料都得以被做成薄片贴在表面，饰面不可避免地滥觞，并远离其曾经被寄予的内涵。装饰，变成了虚饰，它不仅是一种文化现象甚至也是一个社会问题。路斯因此要为之立法："我们必须采取这样一种方式来进行设计和工作，在这种方式下，饰面本身与被饰面（覆盖）物之间将不可能造成混淆。"[7]他区分了多种饰面，在有形的物质性的（Physical）材料以外，非物质性的颜色（油漆）也是其中一种。他在自己的建筑中非常喜欢使用颜色，不论是材料本身的颜色还是另外加上一层的颜色。他拒绝的是通过颜色的使用将一种材料伪装成另一种材料，主要是木材。此时，这色彩都很难说是一个独立的层，因为油漆往往已经浸入材料的内部而与它融为一体。

事实上，即便不分层，即便连这层附加的颜色也没有，也并非完全就是实体。因为任何材料都有表面，并且都有对于表面的加工，因为这种加工，它已差异于内里的部分。这也解释了为何在森佩尔的论述中，并没有对于层叠建造的假设，因为，实体建造同样也是可以被处理（Dressed）的[8]。在森佩尔那里，讨论表面的核心意图并非在于建造方法，而是建筑起源，在于探讨建筑通过什么来与人发生关系，并从而具有人类学和社会学上的意义；以及在从单个的人成为群体的人的过程中，建筑起到什么样的作用，又是如何起到这个作用的。

这样的表面，虽然不承托重量，但是自有一种意义之重。

4.4　完成之度 [9]

如果说建造是概念的物化，那么所有的连接（Articulation）、工具（Tool）与建造模式（Mode）则都是这种物化的前提。那么建造的结果又指向了什么呢？"完成度"这一概念在此需要被引入。它既是对建造结果的评价，也是对意图贯彻程度的描述，因此，在完成度中，还潜藏着实体之于概念的差异，或者说由概念到实体所发生的调整。不仅如此，它还是对即刻的建造结果的未来预判，因为建筑并不终止于建成的那一刻，相反，那只是它另一段里程开始，它真正的生命才刚刚展开。

4.4.1　追求"完美"还是接受偶然

直观而言，完成度往往指向精致的完成面，因此那些粗糙的则会被认为是低完成度。这种着眼于最终完成品的精细程度的完成度，在于材料的表面处理，光滑、平整，最好还均匀光亮，于是，工厂制品的各种饰面板被广泛欢迎，因为不论背后的墙体或框架是如何不堪，都可以一盖了之，呈现一个"高完成度"的立面。

在表面处理以外，还有构件严丝合缝的拼装与搭接，以及对节点的奢靡刻画，但无不以完成品自身的品相为依据。

这似乎并无任何不妥，在一个虽劳力充沛但低技至不看图纸便来施工的半工业化状态中，无论如何强调这一意义上的完成度都并不为过。但是，把它变为绝对标准则是有害的。

据德·拉·索塔的转述，柯布西耶曾经语带揶揄地说德国工人浇筑的混凝土"像是舌头舔过一样"[10]，其中讥讽，自不待言。在他的作品集中，更是毫无保留地表达了对这种被"舔"出来的精致的混凝土的不满："造型的演绎和审美的阐释实在有违柯布的初衷，令人愤慨。"[11]与此相对照的是他在马赛公寓交付仪式致辞的最后所言，它"散发着钢筋混凝土新的光辉"。[12]（图 4-11）虽然柯布声称因在马赛公寓的施工单位庞杂而难以统一，在条件所逼下，"我于是决定：一切留素（Brut）。"[13]但他也未尝不是将势就势，去除涂涂抹抹，因为工人总想着自己的缺陷由后面工序来修补，而这些被认为既非必要之物亦非必要之行为，在道德层面是柯布西耶不愿接受的。十年以后完成的卡彭特视觉艺术中心（Carpenter Visual Arts Center）仍然是素混凝土，但是光滑的，脱模而成的光滑而非涂抹而成的完美。

这种对手工劳作之偶然而不均一的钟情，是对建造中野性力量的珍视，也是对那种庸俗机器化和工业化中所表现出来的去魅努力的反抗。从道德层面看，还是对于冗余之物的唾弃。

这种内在于手艺的性质以及材料自身属性而表现出的不统一和不一致，大约只是随机意义上的偶然；另一种偶然则是真正的"意外"，甚至会带有事故的性质，比如不按图施工，或者施工误差太大，或者其他设计工种的不当介入使得当初设想的建筑做法不能实现。前者往往会因其赋予建筑一种生动而被报以浪漫的欢迎；后者则因其不容辩驳的"错误"属性，需要被竭力避免，甚或必须整改。

图 4-11　马赛公寓，勒·柯布西耶，1945—1952 年

4.4.2　对意图的准确"完成"

那么，所谓高完成度，就不仅仅是视觉上和触觉上的精细以及精致，还可能意味着建成物与建筑师意图之间的匹配程度。如是观之，完成度不再是一个客观的东西，而带有了设计者的主观意愿。对于前者，我们可以用"精确"去描述，因为它大约可以通过度量来加以判断；于后者，则只能用"准确"来表达，因为它是实施结果对于设计意图的映照。

理查德·N·肖在他的一个住宅的入口门廊的立面设计图中，特意注明"板与板之间的空隙要稍有不同"，在另一处还又写上"板本身的宽度也要有所差异"[14]（图 4-12），以此创造一种传统乡土建筑中那种不精确的模样。但是，这种本来因建造者（手艺人）的自由而来的不规则、不均等、不一致，以及由此而来的偶然、

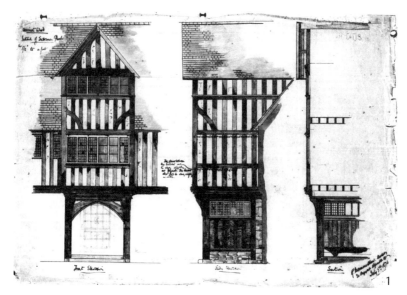

图 4-12　住宅中入口门廊的立面，理查德·N·肖，1876 年

生动、质朴，如今却要通过对于建造者自由的剥夺方可达到。

　　因为设计与建造之间必然存在的距离，必须面对和处理设计者的意图与建造者被赋予的自由。建造过程中的偶然并不总是创造性变化和应对，在一个低水平的系统中，它甚至可能或常常是对设计的肆意更改，或者是因为误读而来的补救。要使每一次建造者的偶然性发挥成为积极的贡献，需要建筑师和建造方在原则上的共识，这有赖于他们的重新一体化。勒沃伦兹便保持了这样一种关系。在圣马可教堂（St Mark's Church）的建造中，在关于砖作的三条规定以后，建筑师交由施工者自行决定剩下的事情。于是，为了要去适应不同的完成面尺寸，砂浆的厚度和宽度是不一致的，并且还自然形成了表面的图案（图 4-13）。这反映了建筑的完成度中不仅有设计者的意图，还有建造者的习惯，尤其是涉及具体工艺的时候。与这种表面上的粗糙并行的，还有构造上的直接、得

图 4-13　圣马可教堂，西哥德·勒弗伦茨，1960 年

图 4-14　圣彼得教堂的窗，西哥德·勒弗伦茨，1966 年

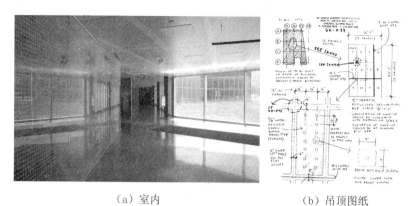

（a）室内　　　　　　　（b）吊顶图纸

图4-15　伊利诺伊理工学院学生活动中心，库哈斯（OMA），2003年

当与精细。不过这种精细与其说是在施工层面上，不如说是在其目的层面。注目观看圣彼得教堂（Sankt Petri Church）的窗户，墙体、金属卡、窗框、玻璃，各部件的交接层次分明，既精细又直接，并因直接而显现出一种粗糙，一种力度，一种坦然（图4-14）。

但是这有赖于太多的条件，在规模稍大的项目中则是难以想象的。而在如今各方缺乏彼此信任而只能依赖严格合同管理的条件下，这种所谓的一体化就更是不可能了。只能转向事无巨细的图纸和说明，并且在现场还要一方面保证工人不要做错，另一方面还能有创造性的理解。库哈斯在 IIT 的学生活动中心经历的便是这么一种情形，一个小小的天花"细部"（图4-15），竟然要 37 张图纸外加 7 页纸的做法说明[15]。

4.4.3　永无完成的"完成"

前述两种意义上的完成度实际指向了建筑生产的不同阶段：是着眼于施工结束的那一刹那，还是要回溯至设计过程。但二者都意指一项任务的终结（Finished），而非一件事物的完整与丰满（Completed）。对建筑而言，此种差异不可忽视，并且至关重要。如果仅仅停留于这一层面，那么建筑诞生的那一刻似乎就被宣布了死亡。

　　建筑是时间中的建筑，必将在时间的流逝中经受风雨的洗刷，留下使用者的痕迹，在变化中老去。但是，所谓 Finished 与 Completed 两种意义上的完成，在建筑中也并非截然分开。与完成度相关的是完成面，约略可以认为是英文中的 Finishing，这一完成面便是建造活动的终止之处，但是外界环境与气候风化的影响却使得这一完成面不断发生变化，处于不断地被"完成"之中。因此，莱瑟巴罗在其专论时间历程中之建筑生命的《论风化——时间中的建筑之生命》一书中这么开篇："对表面的处理意味着建造过程的结束，风化又让这一完成面处于（不断的）建造之中。"[16]（Finishing ends construction, weathering constructs finish.）

　　在建筑的漫长的全生命周期中，充满了超出建筑师"控制"的绵延不绝的偶然性。对于后完成时期的建筑的所有源自人力和自然的遭遇，更多是一种必然性中的偶然。建筑成为一种框架，一个背景，它建立的是一种条件，让那些必然性中的偶然力量可以发挥作用，扮演角色。卡洛·斯卡帕的维罗纳银行史密森夫妇的经济学人总部大楼，可以被认为是建筑师应对这种问题的两个典型。建筑师在银行的圆窗正中下方以两道凹槽导水，随雨水冲刷而颜色变暗，逐渐暗于墙面的其他地方，从而记录下时间的痕迹。多年以后，这里似乎是早就准备好的立面设计的有机组成。其底部有一小小的翘起，那是一根小水管的出口，排掉圆窗与内里方窗之间窗台上的积水。于是，两道凹槽事实上也称为背后排水方式的再现（图 4-16）。类似的处理在经济学人总部大楼中则被设置在柱侧，建筑师利用高高立柱的两侧凹进处来导水，逐渐变黑的淌水沟槽与阴影浑然一体，自然界的力量在为建筑妆点，而建筑也成为对生活和自然的记录与再现（图 4-17）。

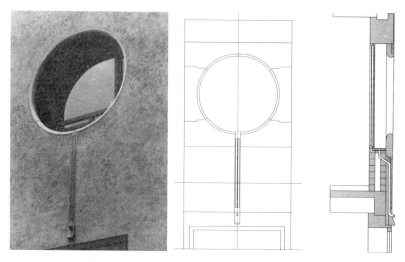

（a）窗洞与排水　　　　　　　　（b）细部图纸

图 4-16　维罗纳银行，卡洛·斯卡帕，1973 年

图 4-17　《经济学人》杂志总部大楼，史密森夫妇，1964 年

目前幕墙使用得越来越多是不可否认的事实，这一方面是出于性能的需要，同时也是很多建筑师对于"高完成度"的追求，对于偶然性的拒绝，以及对时间与"衰老"的抗拒。无论出于何种考虑，建造方式的转变与精致化为此提供了可能。但这些可能是否真的是对建筑中"完成度"最恰当的回应，仍值得深思和警醒。

请思考：

1. 有效的思考依赖准确的语言，因此理论话语的表述务必力求准确。对于一些因耳熟能详而不被注意的概念，更要敏锐于它们在各自语言中的更替演变以及在不同语言间的交叉流转。唯此，方能不为字面意义迷惑，抵达概念背后的具体含意与问题指向，使思考和讨论富于成效。试分辨建造、构造、Construction、Tectonic 这些相近概念之间的关联与异同。

2. 假如连接是建构的根本，节点是表达的前提，那么对于那种光滑的建造呢？路易斯·康曾经极不喜欢混凝土，就是因为它似乎怎么都可以，太没"建筑感"了。那时，他尝试了钢构架。然而，即便是钢构架，如果是焊接后再打磨，也依然如此啊，范斯沃斯宅便就如此。问题是，建构能够处理"光滑建造"吗？或者说，在光滑建造中，如何讨论"建构"呢？

注释

[1] 刘东洋分析了造成这种现象背后的原因，这固然是"建筑行业高度专门化、技术化及分工化的科技进步的体现"，但是也带来了几个后果："①那些无法数字化和规范化的建造经验，消失在了构造手册之外。②规范成了圣旨，因为形成规范的每一次事故和灾难的历史从规范陈述（而不是描述）中被抽离出去；在剥离了事件和时间性之后，规范成了不容置疑的神话。③如此呈现出来的'构造'做法大多不再提及构造的发明者和成败心得。"于是，"'构造'具有了超验色彩，仿佛身处个体经验世界之外，遥控着一个建筑师在施工现场的行为和动作。"刘东洋，一则导言的导读，136 页.

[2] 究竟是"连接"还是"联接"，往往莫衷一是。机械领域的使用或可参照：有一种认识是，"连接"描述的是一个线相对于点的属性或作用，它出现在两个具体的物理实体之间，并且往往依赖于一个物理同质的实体，简单而言就是以一个线性体连接起两个物体；而"联接"描述的则是一个点相对于线或面、线相对于面的属性或作用。但是也有与此恰恰相反的认识。或许有意义的地方在于，与那种（往往通过系杆来）连缀起多个构件相比，聚焦于一个点的连接更有节点的意义。在通常的建构论述中，二者几乎不加区分，但更为习惯使用"连接"。

[3] 例如 2011 年 11 月 7 日下午王澍在同济大学主办的"建构与我们"研讨会上的发言和讨论，见彭怒 王菲 王骏阳 主编.建构理论与当代中国.上海：同济大学出版社，2012.353-370 页.同期，王澍与陆文宇发表的"循环建造的诗意：建造一个与自然相似的世界"（时代建筑，2012/02：66-69）对此有更为系统化的理论阐述。

[4] 参见 Alison and Peter Smithson，"The 'As Found' and the 'Found'，" in David Robbins，ed.，*The Independent Group*：*Postwar Britain and the Aesthetics of Plenty*（Cambridge，Mass.，1990），200-202. 以 及 Claude Lichtenstein and Thomas Schregenberger，"As Found：A Radical Way of Taking Note of Things，" in Claude Lichtenstein and Thomas Schregenberger（ed.），*As Found*：*The Discovery of the Ordinary*（Baden/Switzerland：Lars Müller Publishers，2001），8-17.

[5] 所谓"制品"，此处指的是那些脱离当下和当地的现实条件，通过过度与刻意的设计以及对施工过程的强力把控而形成的"精致"建筑。这些建筑因精致而呈现出一定的品质，但由于回避和脱离现实的外部条件，更多表现为一种偶然的生成，呈现一种他处的制品被"移植"过来的特质。

[6] Edward R.Ford，*The Details of Modern Architecture*（Cambridge，Mass.：MIT Press，c1990），351-356.

[7] Adolf Loos，"The Principle of Cladding"，in Adolf Loos，*Spoken into the Void*：*Collected Essays 1897-1900*，trans. Jane O. Newman and John H. Smith

（Cambridge：The MIT Press，1982），66-69，67.

[8] 在英语中，"Dressing"一词指的是对用于建造中的石头进行外表处理的一种方式。在这种处理中，并没有增加什么别的材料。

[9] 关于完成度的讨论主要源自：史永高 . 完成度的歧义与依归 [J]. 时代建筑，2014（03）：18-19.

[10] Alejandro de la Sota，*Alejandro de la Sota Arquitecto*（Madrid，1989），223.

[11] W. 博奥席耶 编著 . 勒·柯布西耶全集（第 6 卷，1952-1957）[M]. 牛燕芳，程超，译 . 北京：中国建筑工业出版社，2005：197.

[12] W. 博奥席耶 编著 . 勒·柯布西耶全集（第 5 卷，1946-1952）[M]. 牛燕芳，程超，译 . 北京：中国建筑工业出版社，2005：179.

[13] 在给塞特（José Luis Sert）的一封信中他解释了为什么在马赛公寓选用了素混凝土：这么庞大的混凝土浇筑量，现场有多达 80 个施工队，要想以粉刷面层来取得一致是不可想象的。Eduard F. Sekler，William Curtis，*Le Corbusier at Work*：*The Genesis of the Carpenter Center for Visual Arts*（Cambridge，Mass：Harvard University Press，1978），302.

[14] Edward Ford，*The Details of Modern Architecture*（Volume 1）（Cambridge：The MIT Press，2003），7.

[15] 关于设计与建造的分离以及重新一体化的可能，在当代条件下的应对，可参见 Mhairi McVicar，Precision in Architecture：Certainty，Ambiguity and Deviation（NY：Routledge，2019）.

[16] Mohsen Mostafavi，David Leatherbarrow，*On Weathering*：*The Life of Buildings in Time*（Cambridge，Mass.：The MIT Press，1993），5.

前沿篇

第 5 讲
建构如何文化

　　为何要讨论建构的"文化"？

　　否则所有的材料、结构、建造，将只是物质手段，也止于物质手段。在一个技术化的时代，建构往往被以一种工具化的方式去理解和使用。弗兰姆普敦显然已经意识到其中的问题，并以"建构文化研究"为名，不过并未阐明所言"文化"为何。而倡导建造本身即文化，并以工业建筑为模本试图通过约减的方式来达成 [1]，具有特别的语境和针对性，因此也是非常有益的，但却并不充分，并且取决于如何理解这种建造。

　　森佩尔把建构置于"实践美学"的范畴，它既超越工具性的理性主义，也超越现代以来的狭隘物质主义，因为这些主义往往都只说了"实践美学"的一半。因此，即便是今天来讨论建构的文化，森佩尔也仍然是一个重要参照：不仅是思考为何森佩尔依然重要，也要回答为何森佩尔已不足够。

5.1 哥特弗里德·森佩尔

戈特弗里德·森佩尔被誉为辛克尔之后德国最伟大的建筑师（图 5-1），是现代建筑的思想奠基者之一，更是建构理论于 19 世纪兴起中的关键人物。他的思考和著述影响了其后几十年，甚至是直至今天的建筑思想。这些著述对那时的技术与文化等关键建筑议题展开细致分析，同时又进入并借用生物学、考古学等其他诸多学科领域。这些研究与写作与现代建筑运动早期大多数的宣言式写作不同，拒绝把复杂的思想简单化，也拒绝以简单片面的陈述来代替其内在的复杂性。不过，这也导致他的思想在当时常常被断章取义，而后来也在很长时间里被埋没。但也正因为他对建筑本身之复杂性的尊重，为后世创造性的解读提供了持久的养分。

图 5-1　哥特弗里德·森佩尔

5.1.1　实践美学

森佩尔著述和演讲颇多，其中很多涉及他所理解的建构问题，若以一个短语来作为标志，"实践美学"（Practical Aesthetics）可能是合适的，它也会被理解为"实用美学"或"实践性美学"。它源自森佩尔分别于 1861 年和 1863 年出版的两卷本宏论《风格》，德语全名是 Der Stil in den technischen und tektonischen Künsten oder Praktische Ästhetik, Ein Handbuch fürTechniker, Kunstler and Kunstfreunde。2004 年出版了英文译本，书名被译为 Style in the Technical and Tectonic Arts; or, Practical Aesthetics。封面上的字号差异很能说明问题：两个版本都突出了"风格"一词，这也是为何常以"风格"或"风格论""论风格"来称呼此书的原因；而在接近定稿的德文版封面中，在全部大写的"风格"以外，还有大字号的"实践美学"，它即便不是与"风格"并列，也是远甚于"技术和建构艺术"的限定词（图 5-2）。

在 19 世纪，Practical 和 Aesthetics 这两个概念几乎是一对矛盾体，把它们并列构成一个新的概念，正体现了森佩尔所论述的"风格"问题的实质：这是一种要消除之前所有风格的风格，它来自材料的、技术的、社会的、生活实践本身的"需求"。而森佩尔把建构归于"实践美学"的领域，也凸显了他文化人类学的建筑立场，以及对于建筑问题复杂性给予充分认知的研究取向[2]。他关心美、知觉、再现等美学问题；也心系实践性的几个维度：作为一种建造事实的实在性，去适应当代文化的必要性，以及因回应地形条件而来的具体性。这种立场和取向典型地体现在他对于结构（Tectonic）和面饰（Bekleidung）两个概念的认识上。

于森佩尔而言，Tectonic 首先是建筑四要素中的架构部分（在那个典型棚屋中，这便是木框架部分），因此它当然与结构承

（a）德文版　　　　　　　　　　（b）英文版

图 5-2　森佩尔的《风格——技术与建构艺术中的风格，或实践美学》
（以下简称为《风格》）

重相关。但是放在与 Bekleidung 相对的语境中，Tectonic 强调的是 Bekleidung 覆盖（有时候是依附）的部分，既可以是架构也可以是墙体，它们皆支撑了塑造空间的那些表面。需要注意的是，这种支撑从根本上而言说的是那种使 Bekleidung 得以呈现的能力，因此这种 Tectonic 并非必然或全然是重力意义上的结构，而是有其在群体或社会之型构方面的意义：我们围绕火炉而聚集，被 Bekleidung 所包围，而 Tectonic 使这些成为可能。如此对于 Tectonic 的理解、阐释、界定，区别于勒－迪克式的结构理性，也不同于现当代对于建构的通常认识，而是回到建筑的根本层面——它是一种把人结合为群体的社会性产物。基于这种立场，也就容易理解 Bekleidung 之于森佩尔的重要性和根本性。

在森佩尔 1830 年代关于彩饰法的讨论中已经发展了面饰（Bekleidung）这一概念，后来经由 1851 年的四要素中的墙，以及 1861 年《风格》一书中展开的"面饰的原则"，涉及其材料、技术、空间、文化等诸多层面。在森佩尔这里，Bekleidung 既是限定空间的墙体的整个厚度，也是直接塑造空间的墙体的表面。因此，它既是我们今天所谓的墙体，也是墙体之上的面饰[3]。这样，它就不仅在物质层面上限定了空间，还因为其自身（的表面）所具有的视觉形象与内容，赋予了这个空间以社会特性，从而进一步刻画和表达了这个空间。而由于墙体（或者说面饰）的材料在历史中不断发生更替，但是其形式则因为传达一种社会和文化意义而往往被转化和保留，这往往导致我们今天所谓的非建构（A-tectonic）方式。不过于森佩尔而言，结构与建造上的理性固然重要，但对建筑可视结果的影响往往弱于面饰，两者便就都被视作逊于面饰的、第二位的考虑。当然，森佩尔从来没有因此而认为结构可以被随意处理，而是主张要在充分掌握这些物质性和实践性层面的基础上有所超越。

5.1.2　技术与"动机"

森佩尔的所有著述和思想中，与今天的建构学理解最为密切和相近的部分，莫过于他关于建筑四要素的论述。然而，恰恰在这一点上，也往往有着巨大的误解。所谓"要素"（Element）被认为是一种物质性的和实体性的"要素""构件"或者"形式"。但从森佩尔晚年的著述来看非常清楚，它所要表达的首先是人类的基本"动机"，是因为住居而来的基本诉求。它们是基于实用需求而来的技术操作，因而在其起源处已经与特定的制作方式相联系。森佩尔通过对"四要素"的论述，构建了一个艺术发展的理论体系。在这里，所有的形式从根本上来说都源自人类的四种基本动机，而它们与其在建筑中相应的四种形式要素之间又有着相应的密切关联，并进一步与四种制作工艺相对应，即：

① 汇聚－炉灶－陶艺（Gathering-Hearth-Ceramics）；

② 抬升－基台－砌筑
（Mounding-Terrace/Earthwork-Stereotomy/Masonry）；

③ 遮庇－屋顶－木工
（Roofing-Roof/Framework-Carpentry/Tectonics）；

④ 围合－墙体－编织（Enclosing-Wall/Membrane-Weaving）。

动机在这一序列中的主体性和根本性地位，可以在四要素理论的发展过程中得到证实。在 1848 年的一次演讲中，森佩尔区分了建筑的两种原始形式——墙体和屋顶，它们分别对应于人类的两种基本动机——围合（Enclosing）和遮庇（Roofing），而这些构成了人类原始的住居形式。其后的另一次演讲中他又加上了"炉灶"（Hearth）作为第三个要素，因为在原始时期，正是火的应用形成了最初的社会群体，并在后来逐渐演变成一个汇聚的象征。最后森佩尔才加上了"基台"（Platform），从而最终构成建筑的四个基本要素。今天为大家耳熟能详的加勒比海地区的原始茅屋，当其于 1851 年在水晶宫展出，四要素的写作已经完成。虽然森佩尔确实参与了部分水晶宫的工作，并且甚是喜欢这个展出的茅屋，但是它对于森佩尔的四要素理论最多只是一个证实，而绝不构成根本意义上的启发。

由于对动机的强调，火炉在所有要素中便就有了不一般的地位："今天所能看到的，亚当被逐出伊甸园之后，人类在荒漠中狩猎、战争与游牧后的栖身之所的最早迹象，是安置火塘（Fireplace）和点燃用于恢复、取暖与准备食物的火。围绕炉灶（Hearth）形成最初的群体；围绕炉灶形成最初的联合；围绕炉灶最初的原始宗教观念进入了祭仪习俗。在社会的所有发展阶段中，炉灶都形成神圣的中心，围绕它社会获得整体的秩序与形式。"接着他指出建筑的根本功用："于是，炉灶成为建筑中最初的和最重要的要素，也是建筑的道德要素。围绕它组合了其他三个要素：屋顶（The roof），围合（The enclosure）与土台（The mound），它们保护炉灶的火苗抵御三种来自自然的敌意。"[4]在这里，与炉灶的实用性相较，它的象征性功能更为突出。当然，这种象征性是脱胎于其实用性。

比较森佩尔1851年《建筑艺术四要素》和他十年后在《风格》中关于面饰的论述，可以发现其中由技术到象征的明显转向。这一方面得益于生物学领域的进展及其对建筑学领域的影响，同时也受到他的同道尤其是卡尔·博迪舍的启示。博迪舍于1844年至1852年间陆续出版了三卷本的《希腊人的建构》（*Die Tektonik der Hellenen*），不仅提出了著名的"核心形式"（Core-form）和"艺术形式"（Art-form）[5]，并在多处提到作为空间限定的墙体和挂毯其实具有类似的性质。森佩尔1852年读到这些著作，甚为震惊，因为他一直视为自己原创性贡献的思想，竟然在大约十年前便已成书出版。他并没有质疑博迪舍的"核心形式"和"艺术形式"，但提出这种在构件层面的一分为二为何不可以用到对建筑整体的理解上，并且，这些构件固然有其实际的和象征的意义，但同时也有其传统的和历史的意义。因为博迪舍的著述，他更为深切地感受到进一步且清晰地发展自己这些观点的必要性和迫切性。"结构—技术"与"结构—象征"的双重意向正是在这样的背景下产生，且由早前对于"结构—技术"的侧重转向后期对于"结构—象征"的更多关注。

5.1.3 面饰—面具—遮蔽

森佩尔的这种转向，非常典型地反映在他对于织物－墙体的讨论以及由此而来的对面饰－面具－遮蔽的论述中。利用当时已

经大大发展的博物馆资源，他仔细考察了不同文明中发展出来的
建筑文化。当他发现几乎所有民族都非常关注对身体的覆盖，并
且发现这些覆盖要么是纺织物，要么是对于纺织物的模仿，森佩
尔作出了一个大胆论断：建筑的起源与织艺的起源是相同的，并
指出织艺的两种基本功能，即绑扎与覆盖。其具体形式受到材料
本身以及材料处理方式的双重影响，也自然遵循由简单到复杂的
过程，即由最初的"结"，到后来的"辫"，再到更为复杂的在面
上展开的"编织"（图 5-3）。

　　他并由此发展出所谓"面饰的原则"，认为建筑的本质在于
其表面的覆层，而非内部起支撑作用的结构。这一表现为织物或
是其衍生物的覆层遮蔽或部分遮蔽了结构，但是又并不去对它做
一种错误的再现，并拒绝对它进行伪装。阿考斯·莫拉凡斯基的
一段话揭示了面饰之超越物质主义的理性，在更深刻层面去表现

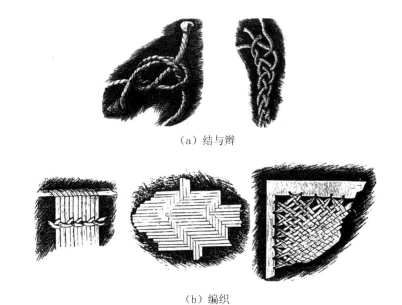

（a）结与辫

（b）编织

图 5-3　森佩尔《风格》一书中对织艺之演变的考察

生活实践的努力："这种起到面具作用（Masking）的面饰绝非一种欺骗的努力，而是一种交流的方式，它揭示了（建筑）内在的真实，而这种真实绝不仅仅是那种物质性的实在（Material reality）"[6]。

"面饰的原则"一方面延续了建筑四要素中对于空间围合性的强调，但更突出面饰的象征含义，因而也便更为非物质化。以面饰的物质性到非物质性为核心，森佩尔在建筑的艺术和结构之间发展了一种层递关系，定义了建构的三个层面：内在的技术，即平实的材料建造；建筑秩序，即对技术的再现（技术之面具）；第二层秩序之上的雕饰（常常表现为雕带），是对人类故事、神话与幻想的叙述（面具之面具）。在森佩尔这里，建筑最高层次的表现实现于"面具之面具"："我认为，着装（Dressing）和面具（Mask）与人类文明一样地古老，在它们之中所体会到的愉悦，与那种使人们成为雕塑家、画家、建筑师、诗人、音乐家、戏剧家——一句话，艺术家——的愉悦是同样的。任何一种艺术创造，任何一种艺术愉悦，都要求有一种狂欢精神，用现代方式来表达就是——狂欢节上烛光的薄雾才是真正的艺术氛围。如果形式要能成为一种富含意义的象征，成为人类自主的创造，那么，对于实在性（Reality）的否定，对于材料的否定，便就都是必要的……在所有远古的艺术创造中，那种未受污染的感情让原始的人们否定了实在性；如今所有领域中那些伟大的、真正的艺术家们无不回到它们——只有这些处于艺术巅峰时期的人们才也会遮蔽面具本身的材料。"[7]"对于面具的遮蔽"（Masking the mask）既是对面具之"实在性"的"遮蔽"，也是对实在性的"否定"。唯有如此，那种作为"有意义的象征物"的"形式"才有可能浮现。

在对于建筑之象征性的强调中，新文艺复兴式的立面几乎占据了森佩尔的主要建筑创作。关于材料、技术、工艺的理论见解虽然在其著述中细致展开，但却未能在实际建造中得到充分体现，这也引致后世对于其实践中之历史主义的非议。在一个技术巨变的时代，旧的形式是否必须要放弃以便新的形式诞生，还是可以通过把它抽象化来融进新的肌体？在其 1852 年的《科学、工业与艺术》一文中，森佩尔热切地呼唤通过资本主义经济的发展来创造新形式，取代旧传统，而到了 1860 年的《技术与建构艺术中的风格问题》，则从这一立场后退了，认为如此将会失去那些比有记载的历史还要久远并且也不能被新的形式传达的象征性。最后在 1869 年的《论建筑风格》中，森佩尔坦承，如何对待建筑中的新秩序与老传统，他还没有什么解决办法。

　　确实，在这个时代，以主要作用于建筑表面的视觉与象征性手段来处理历史，即便并非完全不合时宜，但显然已远远不够。

5.2　历史的内化

　　广义而言，历史即既存状况，它既是实践的前提，也是文化的重要来源、启示，与组成。这种来自外部的被继承的历史，是建筑实践必须面对和处理的问题。建筑中还有另一种历史，一种滋生于学科内部的历史。它因聚焦于这一学科的特殊命题，并因在实践中回应这些命题，而构成学科的内部历史。外部历史的学科内化是建筑师的重要任务，这要求不仅要面向现实，还要面向学科的特殊命题。

5.2.1　由原则到法则

　　森佩尔逝世后几十年，阿道夫·路斯借用了"饰面的原则"并以之为名成文，他再次重复了饰面之于建筑首要性这一论断[8]，并进一步提出了"饰面的法则"（The law of cladding）。即"我们必须采取这样一种方式来进行设计和工作，在这种方式下，饰面本身与被饰面（覆盖）物之间将不可能造成混淆。"[9] 在这篇文章中，原则（Principle）和法则（Law）这两个概念被用来满足不同目的："前者是本体性的，因为森佩尔和路斯都认为饰面对于所有的建筑而言都是其本质所在；后者则是功用性的，因为在一个建筑师往往不假思索地对待模仿问题的时代，需要对（如何使用）饰面这一技术作出规定。"[10] 在一个赝品泛滥、象征空洞的时代，饰面的重要性回归其材料与建造本身，以及由此而来的具体的空间性。

另一位认同表面之重要性，但是更愿意从一种类似"法则"的角度来介入这一问题的，是森佩尔的同时代人博迪舍。两位都特别关注超越技术含义的艺术和象征层面，但是与森佩尔对动机（既是艺术的也是实用意义上）的强调不同，博迪舍看重的是建筑的外在形式与内部结构与材料的关系，外部要能够再现内部，也就是所谓的"核心形式"与"艺术形式"。虽然这一划分的本意在于将二者再次整合，但事实上却引致了一种新的实用主义建筑美学——这种美学完全源于由技术和材料主导的核心形式，并由此开始了 19 世纪以材料和建造为基础的所谓建造形式，或者说制作形式（Work-form）[11]。

5.2.2 历史的重构与内化

森佩尔所谓的材料替换，固然意在保留形式的象征意义，然而在一个象征性逐渐远离的时代，它几乎无可避免地滑入视觉图像的渊薮。要将沿承下来的外部历史，内化到当下的建筑实践中去，便不能满足于表面的形象和象征，而要在建筑整体构成的结构性原则上进行类比，深入建筑与场地之关系的内部，对历史进行创造性的解构与重构。

虽然加勒比海茅屋在水晶宫里展出，但是甚少有人在这二者之间建立关联，即便水晶宫的设计者约瑟夫·帕克斯顿在一次演讲中以桌子和桌布来试图解释其钢结构与玻璃的关系。而以森佩尔的四要素来解析这个茅屋时，其支撑部分与围护部分的关系与水晶宫并无二致，都是桌子和桌布的关系。不过是用钢代替了木，用玻璃替换了织物。但差异也是巨大的：此时你无法再以视觉的眼光去寻求其表面的再现，它光滑通透，你无从发现，无法凝视，无处阅读。因为通透，它甚至根本不在你的视觉中停留。它除了自己，并不诉说别的什么。甚至连自己也消失无踪。对于这种可类比性以及差异性（图 5-4），帕克斯顿从未提及，森佩尔更是没有，因为无论水晶宫获得多少赞誉，在森佩尔看来，这根本不是一个建筑。但事实上，号角已经吹响，新的时代下对历史的重构与内化已在路上。

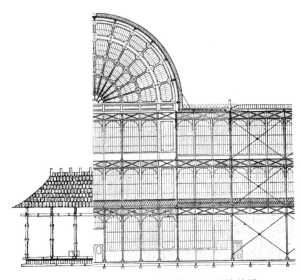

图 5-4　加勒比海原始棚屋与水晶宫的并置

　　对历史的重构与内化，当然并不局限于材料和结构的替换与更新。相较而言，场地信息的捕捉，场地关系的重塑，甚至都更为重要。于是，在时间与空间的双重向度上，历史被想象所重构。因为建筑的介入，历史被以特别的方式呈现。莫内欧的梅里达罗马遗址博物馆，建立在一片被发掘的古罗马遗址上。建筑师以混凝土和砖的混合做法再现而非模仿了古罗马的建造方式，与水晶宫的直白相比，这是一种带有再现性的建造。平行密布的墙体令人记起如今仍然留有残迹的承重墙，但是它们与残迹成一个角度而依今天的街道方向布置，并在中间挖开从而塑造一个巨大的开敞空间（图5-5）。历史不时浮现，但却并非对过往的重复，而是被"书写"和"重写"。那个特定的"过去"，莫内欧的古罗马，

图5-5　梅里达罗马遗址博物馆概念草图

或许未曾完整存在，但是因为梅里达遗址博物馆对历史的独特呈现，它成为一个可信的罗马[12]。历史并非给定之物，它一直为"现在"所重构，并且也只能存在于这种重构当中。甚至在建筑开始之前，对场地和古迹的测量便已经在重构历史，因为每一个测量，都是人工意图下的产物，带着人对于历史的想象、探索、阐释。

无论是场地的历史，还是作为"风格"的历史，都需要被尊重，更需要被内化。把外部的变为内部的，或者说以一种内部的方式去表达外部的，正是建筑师需要承担起来的任务，也是建立一种内生于学科的文化之关键所在。建造是把历史内化进建筑的核心手段，但狭隘的建造无法扮演这个角色。因此，这种可以作为核心的建造，究竟可以具有什么样的内涵，却并非不言自明。

5.3　建造与筑造

梅里达遗址博物馆已经显示，所谓建造，不仅仅是让建筑从无到有，它还通过对场地的"建造"，让不曾完全或完整存在的历史，因为"现在"而出现，这也正是建筑发展和实现自己文化价值的重要方面和途径。在这样的讨论中，海德格尔所谓"在桥的跨越中，河岸才作为河岸而显露出来"，虽然以构筑物而非建筑为对象，但却更为典型。他对语言的回溯，也让建造更为丰富的内涵得以逐渐敞开。

5.3.1　语言中的踪迹

哲学表述中常常以"筑造"来指代房屋以及其他构筑物的建造，最典型者莫过于海德格尔的名篇"筑，居，思"。当然，如果我们不局限于"建造"所倚赖的物质性材料和手段，并且不去放弃建造的动机和结果，它和这样的"筑造"就并无太大差别。

按照海德格尔的追溯和阐释，在德语中，筑造（Bauen）不仅仅"是获得居住的手段和途径，筑造在自己本身中就已经是居住了"，筑造活动本身就是一种"去居住"的活动，是人（得以）"安置"于这个世界的方式。邓晓芒对此作了进一步的说明："从筑造一词的原始含义中我们不仅知道了筑造本来就是居住，而且知道了应该从筑造这种活动来思考居住，而不是把居住看作一种静止的停留状态。"甚至，"筑造所原始地表达的含义和居住的本质范围是完全重叠的。我们应该把居住理解为原始的筑造"。而"原始的筑造就意味着存在，也就意味着居住"。当然，在这里，居住不是我们今天意义上生活中与工作或旅行相并列的一种活动，而是"作为有死者在大地上存在"，也就是人的存在。Bauen还意味着看护和照料，也有"耕种""种植"之义。这一意义与作为一种建立的筑造是不同的。但是今天在任一意义中，它都已不再含有居住的含义。至于居住本身，则"退隐到居住实现于其中的那些多种多样的方式后面，退隐到照料和建立这些活动的后面去了"。"这些活动随后就取得了筑造这个名称，并借此独自获得了筑造的事情的资格。筑造的本来意义，即居住，则陷入了被遗忘状态。"

对此，邓晓芒解释道："Bauen 的农业种植和工业建筑两种含义，本来都是被'扣留'在真正的筑造即居住之中引而不发的，并不能游离出来单独代表筑造……但由于本来意义上的筑造（居住）就像住家一样地习惯成自然，因此人们也就逐渐不注意它的本来意义，而只关注它在现实中的各种方式即耕种和建造了。"怎么办呢？"也许我们应该返回到手工业尚未从农业中分化出来的史前时代 Bauen 的含义，回忆起这种被我们所遗忘了的意义。"总之，在这篇短文中，海德格尔基于"语言是存在的家""语言才是人的主人"，同时敞开了筑造和居住的不一般含义，而这些含义恰恰是它们本来具有只是在后来被逐渐遗忘而消隐了的[13]。

5.3.2　本土的回望与观照

事实上，其他文明也有类似的反思。王骏阳曾专门为文，探讨中国传统中对"营造"的理解，并辨析它与"建构"的异同[14]。他说，在近现代中国建筑学发展进程中，通常用来与"营造"对应的并非"建构"，而是"建筑"。"营造"指向的是在当时已经进入中国的西方"建筑学"之外的一个更为宽泛的建造（Building 或者 Construction）概念。他并具体引用 20 世纪初的朱启钤先生以及相隔一个世纪的王澍的观点，对此加以说明和佐证。

他说，以朱启钤在其"中国营造学社开社演词"中对"营造"的诠释来看，"营造学"的内容大致划分为"实质之营造"和"文化史"两部分，因此"营造"实在是一个比"建筑"更为包容和广泛的概念。此外，"营造"和"建构"的不同之处也许还在于，"营造"更倾向于对建筑和建造之物质性的超越。在当代建筑师王澍的"营造"主张中，它的丰厚内涵也彰显无遗。王骏阳引用了他的下面一段话予以说明："'营造'是一种身心一致的谋划与建造活动，不只是指盖房子、造城或者造园，也指砌筑水利沟渠，烧制陶瓷，编制竹篾，打制家具，修筑桥梁，甚至打造一些聊慰闲情的小物件。在我看来，这种活动肯定和生活分不开，它甚至就是生活的同义词。"[15]

事实上，在任何一种文明中，建造都不只是实用性和工具性的。它固然以理性为基础，但绝不止步于干涩的理性。它完成实用的任务，但同时也因此散发生活的光芒。建筑的根本功用，便在于通过特别的连接，使一种独特的文化变得"可读"。它一方面为这种文化所建造并且在这种文化中建造，同时，它也建造着这种文化，满足它，并表现它。

5.4　文化的维度

虽然今天我们已经把"文化"视作名词，描述某种特别的现象、状态、气质，但从其构词法可见，它显然是一个动词，描述的是动作，并且不是瞬间完成的动作，而是一个持续的过程，这也正是它的本义。汉语中的文化，就其本义而言，无外乎"以文教化"[16]。被视为与之对等的英文 Culture，源于拉丁文 Colere，原意乃指人之能力的培养及训练，使之超乎单纯的自然状态之上。至 17、18 世纪，这一概念之内涵已有相当的扩展，重在指称一切经人为力量加诸自然物之上的成果。如今，无论是中国语境还是西方观念中，文化都既包含人文之静态的客观存在，也指向由活动和行动而来的创造。后者或可称为一种实践的文化，对于建构学的讨论它也更有意义。

5.4.1　实用与实践

森佩尔《风格》一书标题中对"实践美学"（Practical Aesthetics）的选用，并非自始就有，而是一种权衡之计。最初，森佩尔打算出版一本名为《建造理论》（*Gebäudelehre*）的书，内容主要是基于建筑类型比较而来的阐述（Vergleichende Baulehre）。再后来因为森佩尔自己对这一话题之认识的改变，拟更名为《艺术形式的理论》（*Kunstformenlehre*），此时，后来呈现于《风格》一书的内容和结构已经初步浮现。由于和出版商的争执，该书一直未能出版。且由于这种纠纷，森佩尔必须在"艺术形式的理论"之外为他的新书命名。起先他考虑的是"文化—历史与艺术—技术角度的建筑研究"，随后又变更为"建筑以及与建筑相关的其他技术和艺术中的风格问题的历史理论研究"。在对内容的描述中，有一部分便是"美学的实践层面"（The practical side of aesthetics）。后来他更是打算直接以"实践美学"为名，作为"艺术形式的理论"的替代，但是出版商反对并提出一个折中方案，即"艺术形式的理论，或技术与结构艺术中的风格及其实践应用"。但是对于森佩尔来说，这个书名中的"艺术形式的理论"仍然风险太大，且他那么看重的"实践美学"概念竟然不在其中。其后不久，书名被最终确定为"技术与建构艺术中的风格，或实践美学"（Der Stil in den Technischen und Tektonischen Künsten, oder Praktische Aesthetik）[17]。

这一段略显冗长的回顾不仅意在说明 Praktische 之于森佩尔建构理论的关键性，更在于呈现其具体指向。毫无疑问，它自建造始，也以建造及其相关主题为核心。在命名的过程中更是出现过"实践应用"，而在最终的德语书名中其实还有"手册"的字样。所有这些，都说明森佩尔所谓的 Praktische 有着很强的实用性指向。这既是对其时技术状况的回应，也是对 19 世纪美学观念的挑战。但是，以森佩尔对文化、历史与象征的在意，我们不难想象，他的 Praktische 一定不止于实用的含义，那么它可能指向什么？提出这个问题，对于我们此处有关文化的探究至关重要。

在过去的三个世纪中，对于文化这个概念的认识有着巨大的转变。18 世纪后半叶，文化的概念被用于将人工之事与自然之物相区别。"文化"代表人类可以做的事，"自然"代表人类必须遵守的方面。19 世纪社会思潮的总趋向是将文化"自然化"。只是到了 20 世纪后半叶，这一趋向才逐渐但坚定地转向其反面，也就是自然的"文化化"。

齐格蒙特·鲍曼在其名著《作为实践的文化》中（图 5-6），从三个方面来考察文化：作为概念的文化，作为结构的文化，以及作为实践的文化。在概念层面，他把文化分为等级性的、差异性的，以及一般性的：文化的等级性概念意味着所谓高雅的、文明的生活方式与粗俗的、野蛮的两种生活方式之间的对立；文化

 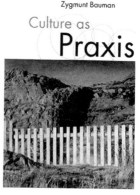

（a）肖像　　　　　（b）《作为实践的文化》
英文版封面

图 5-6　齐格蒙特·鲍曼及其著作

的差异性概念意味着不同地域之人群中差异化的生活方式，它以
"差异"代替了"等级"；文化的一般性概念则围绕人类与自然世
界之间的二分法原则来解释，找到属于人类的文化共性[18]。于他
而言，文化是人类的生活实践，是人们在这种实践中的互相交往，
是其中鲜活的、变化的部分。文化是对环境和社会的一种适应，
在不断地适应和调整中形成结构性关系。这种结构性，已经暗含
了行为的习惯性，也就是那种日复一日，在重复中变化的生活实践。

　　鲍曼在这里所谓的实践，是希腊语的 Praxis，它是亚里士多
德所谓人类三种知识或活动之一，即实践的知识（Praxis）。在
这三种当中，它低于静观的知识（Theoretical），同时又高于制
作的知识（Poiesis）。实践不同于理论（静观），因为实践改变
对象；实践也差异于制作，因为制作的目的在制作活动之外，而
实践的目的则并不尽在实践之外，乃至于"良好的实践本身就是
目的"。不过，在亚里士多德那里，概念区分并不总是那么一致
和清晰。有时候他把制作也称为实践，这时，实践分成实现外部

目的的活动（如盖一座房子）和本身即是目的的活动（如生活整体、沉思）。确实，与静观的知识强调反思不同，实践与制作都是行动：制作的活动是人对于（外部）对象的操作；而实践的活动则更多是一种政治和伦理行为，是人对于自己（人类自身）的操作。现代时期的所谓实践（Practice），往往与理论相对。20 世纪以来的现象学语境中，Practice 更注重存在者，而 Praxis 更注重存在或生存。也就是说，Praxis 更强调的是践行或行动的历时性过程，所以 Praxis 具有时间性或历史性。只有通过存在或生存的历时性过程，存在者才能存在起来，或者说成为存在者。在海德格尔的语境中，Praxis 不仅是时间性的，也是空间性的，或者说不仅具有历史性，也具有场所性。Praxis 特别强调的是人类生存意义上的实践智慧，德语的 Praktische 也是如此[19]。

我们难以肯定森佩尔的 Praktische Aesthetik 已经是在 Praxis 的意义上来使用，但说它超越单纯的实用性应该不会有错。毕竟，他所谓的四要素，首先也是就人类生存意义上的最基本的动机而言。

而在鲍曼那里，这种作为实践的文化也着眼于生活实践本身，它是差异性的而非等级性的。作为象征和再现的那些文化形式与物件固然看似高级，但生活实践本身以及为了满足这种生活实践而来的行动并非就是低级文化，它们只是不同的差异化的存在。这些差异来自不同人群的生活实践，也往往因为不同的地域，因为和土地的关系。对于实践之意义的强调，以及对于实践之含义的分辨，于我们思考建构的可能文化维度是重要的启发。

5.4.2　建构文化的可能维度

建构中的文化维度，根本而言是不同空间模式背后的社会生活之动因。它往往因理性的名义被忽略或压制，但理性向来都有其历史、社会、技术条件，从而超越那种狭隘的所谓"理性主义"。实践的文化便是描述这种理性最好的概念和方式。因为建筑不是寂死之物，而是行动的主体。就此而言，建筑是什么样子固然重要，但是更重要的是建筑能够做什么，以及如何做，并且在这些"做"中又可读出什么，因为正是这些决定了建构文化的属性。我们可以从三个方面来看：建造有其具体的场所属性；它与环境之间的"搏斗"可读或可理解；另外，它还有其事件属性。亦即：地形的，性能／表演的，图像的。

　　首先是地形，或者说土地。任何建成的建筑一定有其具体的特定的场地，脱离这个场地（场所），我们将无法建立对建构的准确理解。当代建筑学中对所谓产品形式（Product-form）的质疑以及对场所形式（Place-form）的提倡，正是基于对拓展意义上的地形条件的关注、认知、回应，以期在技术时代下，建筑仍然可以参与构筑我们的文化。

　　其次是环境，或者说空气。这里的环境主要是性能意义上的，就此而言，建筑无疑既对抗环境，又要与环境共存。这种对抗与共存，也是对环境力量的拒绝与允许，是建筑生命历程中永不停歇的行动与工作。它常常是微妙的，微妙到不为视觉所见，但又真实而有力地存在着，并且因为这种行动，建筑以一种不为人"见"的方式介入世界。对气候与氛围的认知，可以拓展建构，使其更为深刻地进入地形学领域。

　　再次是图像，或者说再现。在建造文化以外，还有一种生活的文化，或者说社会的文化，它们是不同生活模式与类型的反映。这些维度在当下的建构论述中往往被忽视，但理当被呈现。因此，这里的图像固然指向视觉上的美好，但它首先是生活实践的建筑呈现，而非孤立割裂的图像记忆。

　　以下三讲便将从不同角度探讨建构文化的可能路径。

请思考：

1. 如果建造一直以来更多是一个技术问题，它是否同时也是一个美学问题，伦理问题？经济与环境向度的重要性又是如何体现？（需要指出的是，这里，经济不等于围绕货币而来的操作，环境也不仅仅是技术议题。）

2. 建造可以是一个非常技术性的问题，当然也可以是一个涉及多个层面的文化创设。所以当我们说"建造作为工具"，或者是"建造本身便是目的"，说的大约是并不一样的建造。请结合张永和、森佩尔、海德格尔的相关思考和言说，对此加以辨析。

注释

[1] 可参阅第一讲中有关张永和"平常建筑"的部分。

[2] 森佩尔为其《风格》写的简介中，介绍了以建筑为主题但却终未问世的第三卷的内容，然后并加上了堪称主旨的下面这一小段："如若我们能够像我们的先人一般，把对于社会需求的艺术化使用作为建筑风格的动因，则巨大的创新空间将会展现于我们眼前。相反，若是仅仅着眼于新的材料或是对材料的新用法，则永无可能带来持久而重要的建筑变革，更别说什么仰赖某个无端创造所谓新风格的天才了。"转引自 Wolfgang Herrmann, *Gottfried Semper：In Search of Architecture*（Cambridge：The MIT Press，1989），103.

[3] 这一性质客观上给它的中译带来了困难，很难以单一中文词汇来表述其双重含义，也因此本书中有时仍然要以 Bekleidung 的原本方式出现。

[4] 戈特弗里德·森佩尔．诸葛净，史永高，王丹丹，译．建筑艺术四要素（选段）[J]. 建筑文化研究，2009（01）：197-227，199.

[5] 对于"核心形式"和"艺术形式"，博迪舍在书中作如此解释："核心形式"意指建筑元素或构件的材料和力学功用；而"艺术形式"则要使这种内在的静力学功用在外部得到表现。（The concept of each part can be thought of as being realized by two elements：the core-form and the art-form. The core-form of each part is the mechanically necessary and statically functional structure；the art-form, on the other hand, is only the characterization by which the mechanical-statical function is made apparent.）

[6] Ákos Moravànszky，"'Truth to Material' vs 'The Principle of Cladding'：the language of materials in architecture，"*AA Files* 31（2004）：39-46，41.

[7] Gottfried Semper, *Style in the Technical and Tectonic Arts；or，Practical Aesthetics* trans. trans. Harry Mallgrave，Michael Robinson（Los Angeles：Getty Research Institute，2004），438-439.

[8] 在森佩尔和路斯的相关论述中，使用的都是 Bekleidung 这一德语概念，但是时隔几十年，各自强调的重点已然有所不同（参史永高《材料呈现——19 和 20 世纪西方建筑中材料的建造—空间双重性研究》第 90 页）。Bekleidung 的英文通常译为 Dressing 和 Cladding，也似有不同的侧重点。此处在汉译中，以"面饰"来表示森佩尔意义上的 Bekleidung，而以"饰面"来表示路斯意义上的 Bekleidung，以传达二者之间的微妙差异。

[9] Adolf Loos，"The Principle of Cladding"，in Adolf Loos，*Spoken into the Void：Collected Essays 1897-1900*，trans. Jane O. Newman and John H. Smith（Cambridge：The MIT Press，1982），66-69，67.

[10] 笔者 2010 年在宾大与莱瑟巴罗教授的一次谈话中，提及这两个概念的

联系与区分，莱瑟巴罗教授认为很有趣，并在他应笔者之邀为森佩尔的一篇文字所作的导读中作此进一步阐发。

[11] 这里主要指铸铁在这一时期的大量应用以及与此相应的建造模式所带来的挑战。铸铁构件是一种线性承重构件，通过点状节点进行连接，各种形式的框架是其最终表现。而西方建筑史上的主要材料石材则迥异于此，它以单元模块通过砌筑来结合，并形成延展的面。铸铁构件在建筑上的应用带来了巨大的审美上的挑战，并导致建筑师以及理论家们围绕材料、结构、形式之间的关系问题展开了一系列的争论，核心是这种线性结构应该被隐藏还是被显露。这场争论最终导致了对于工程美学的认可，并接受了可以反映材料的本来属性和制作的真实过程的制作形式。

[12] David Leatherbarrow，*Building Time*（London：Bloomsbury Visual Arts，2020），292.

[13] 本段所引皆源自：邓晓芒. 海德格尔《筑·居·思》句读. 收录于其文集《西方哲学探赜》. 上海：上海文艺出版社，2014.

[14] 王骏阳. "建构"与"营造"观念之再思——兼论对梁思成、林徽因建筑思想的研究和评价 [J]. 建筑师，2016（3）：19-31.

[15] 王澍. 营造琐记 [J]. 建筑学报，2008（7）：58.

[16]《易经》贲卦象传："刚柔交错，天文也；文明以止，人文也。观乎天文，以察时变，观乎人文，以化成天下。"在这里，"人文"与"化成天下"紧密联系，"以文教化"的思想已十分明确。"文"的本义，指各色交错的纹理。在此基础上"文"又有若干引申义：其一，为包括语言文字内的各种象征符号，进而具体化为文物典籍、礼乐制度；其二，由伦理之说导出彩画、装饰、人为修养之义，与"质""实"对称；其三，在前两层意义之上，更导出美、善、德行之义。"化"的本义为改易、生成、造化，指事物形态或性质的改变，同时"化"又引申为教行迁善之义。西汉刘向将"文"与"化"二字联为一词，曾有"圣人之治天下也，先文德而后武力。凡武之兴，为不服也。文化不改，然后加诛。"（《说苑·指武》）以及"文化内辑，武功外悠"（《文选·补之诗》）。这里的"文化"，或与天造地设的自然对举，或与无教化的"质朴""野蛮"对举。

[17] 此部分综述性回顾是对于 Wolfgang Herrmann 的 *Gottfried Semper*：*In Search of Architecture*（MIT Press，1984）中第一部分第四章 The Genesis of Der Stil，1840-1877 中相关信息的梳理和极简要的编排。

[18] Zygmunt Bauman，*Culture as Praxis*（London：SAGE Publications，1998），29.

[19] 感谢汪原教授对于这部分关于 Praxis 和 Practice 在不同时期历史和哲学语境中之关系的讲解。

第6讲
土地，在地的建构

海德格尔关于"筑造"的论述，以及在那篇短文中提及的"位置"，或是对于广场、地点的区分，以及诺伯格·舒尔茨后来部分基于这些思考发展而来的场所研究，都在不同层面和深度上关注了土地，以及由土地衍生的要素或是引发的现象。

确实，一个再明白不过的事实是，建筑一定立于某一特定的场地。假如我们把建筑看作一个容器，它有自己具体和特定的位置，这正是它异于一般容器的特别之处。因此，所谓建造，不仅仅是房屋的搭建，在其广义所指上，首先便是对土地的处理。

然而，不可否认的是，建构学惯于聚焦这个容器本身——它的建造及其表现。既然对土地的处理是建造的首要行为，并因此成为建造活动的首要前提，那么，这种建造与其坐落的场地是否有关联？在这个场地上的具体坐落方式是否会影响到容器本身的构筑，并在很大程度上决定着建筑的存在状态？我们还可以更推进一步，这种朴素认识中所谓的场地，是否仅只是我们所"看"到的那一方土地？又是否仅只是在这一刻呈现给我们的土地？

因为这些疑问，我们要在建构的讨论中引入土地，并且从地形（Topography）这个概念来开始本章的讨论。

6.1　TOPO-GRAPHY

于建筑而言，土地是前提性的。但是当我们以场地、土地、地形来表述，更别说透过地形图来观看时，它却往往是抽象的、给定的、凝固的，而非具体的、物质的、生成的。这正是近些年在类似讨论中在概念层面由 Site 或 Place 转向 Topography 的原因所在。在 TOPO-GRAPHY 的构成当中，Topo- 意味着"场所"（Place），-graphy 意味着"刻画"（Articulating）、"书写"（Writing）、"记录"（Registering）。目前，多以"地形"作为这一概念的中文对等表述，虽然并不能准确传达其原本含义以及在今天的针对性指向。

这一意义上的土地，是基于传统含义之"场地"而来的拓展。它并非仅只是视觉所见的图像，而首先是我们脚下触知的土地；它并非一成不变，而是被自然与人力不断再造；它不仅仅是建筑与环境间美学意义上的静态关系，还包括动态（时间和行为）意义上的反复书写。它不仅是可感知的显然状态，还是一种有待呈现的潜在。这是一种在时间的绵延中生成、滋长、变化的土地。[1]

因此，场地有不同层面的内容和内涵，对场地的理解也是分层次的。既有土地权属意义上的边界，也有地表的状况、起伏的样态，以及其上承载的植被、河流、物体。不仅如此，还有历史信息的物质性或非物质性留存，以及地质意义上的形成与分层。

每一个场地都有这些要素或属性，但是不同的场地中，它们的权重是不同的，显现也是差异的。而因为建筑师介入场地方式的不同，他们也会在不同程度上或部分或全面地进入这些层面的思考和应对，当然也就会不同程度地影响甚至是决定了建筑的建构形式。

这么一种面向地形的思考，指向了建筑学中一种基本的认知态度，或者说思考方式，我们把它称作"地形学思考方式"。对这样的思考方式保持自觉，也就是说对这一意义上的土地的充分认知和创造性尊重，有可能拥有一种"在地"的建构。其核心在于建筑与土地的关系，以一个动词来描绘的话，首先就是建筑如何"接地"。

6.2 建筑的接地

直观而言，建筑接地反映的是建筑如何落到地面。但是，当我们获知任何可见部分之下都有不可见的基础的时候，建筑接地说的毋宁是它如何自土地中长出。这恰恰说明了建筑接地的双重性：一种非重力的几何关系，以及事实上对重力的承受。它们既意味着人类对于大地的占据，也是建筑与地面的接触。在不同的具体条件下，表现为不同的形式。

6.2.1 对地表的扰动

建造的行为通常始于是对场地的平整（Leveling the site），并抬起以塑造可以居用的水平面，这便是森佩尔四要素之一的基台（Mound）。在以往，它几乎无一例外地是抬升，以隔离潮气和驱避爬虫（图 6-1）。因此在森佩尔德四要素中，这一建筑构件也便与特定的操作行为被视作具有逻辑上的必然，即如其他三个要素一样。当然，随着条件的改变，这个基台可以被在不同尺度上引申：它固然可以是通常所见那样的抬高，建筑坐落其上；它也还可以是消隐的，就如戈兹美术馆（Goetz Gallery）或是今天许多公共建筑一般——只要解决了近建筑部分的场地排水即可（图 6-2）。至于抬高的基座，也可能如范斯沃斯宅那样被挖空，从而模糊了基座的实体性质（图 6-3）。

　　当这个基台被挖空，它事实上形成了可以划入另一种的基础方式：撑脚。它可以是为建造便利而来的对场地条件的技术性规避，如浦东湿地上的工作站（图 6-4）；可以是在特殊场地条件下，避免场地状况的不确定性对建筑造成干扰，如鄱阳湖边的鸟类科考站，它要应对鄱阳湖水位高达 5m 的季节性升降（图 6-5）。虽然有人把这归因于柯布西耶提出的底层架空（Pilotis），但在东亚和东南亚地区的木构传统中，这其实是一种非常古老而自然的建筑接地方式。不过，"新建筑五点"中的底层架空依然有其独特的意义：如果说传统木构中的立柱抬升仍然是与自然相处的一种努力，机器文明下（或许此处更准确地说是机器美学下）的架空已然是对土地的对抗，它隔离于自然脱离于地表，传达了飞离地面抗拒重力的意象。

　　第三种则介于基台与撑脚之间，通常用来处理坡地，可以称为挡土。面对无论缓坡还是陡坡，建筑首要的任务便是创造一个水平面以承纳生活。对挖去土地的侧边，需要立墙挡起，以防滑坡。为了利用和突显场地的特征，挡土（墙）往往既是对场地的处理从而成为基础的一部分，同时又是对空间的围护从而作为上部建筑的有机组成。因此挡土这一行为以及挡土墙这一结果，既是对场地的建造，也是对建筑的建造，从而使得通常意义上的景观与建筑的分离不再可能（图 6-6）。

图 6-1　巴塞罗那德国馆的基台，密斯·凡·德·罗，1929 年

图 6-2　戈兹美术馆的平接，赫尔佐格与德梅隆，1992 年

图 6-3　范斯沃斯宅架空的基座，密斯·凡·德·罗，1951 年

图 6-4 上海浦东湿地鸟类禁猎区移动
工作站，朱竞翔，2013 年

图 6-5 鄱阳湖南矶湿地访客中心，
朱竞翔，2016 年

图 6-6 艺术品收藏家住宅，赫尔佐格与德梅隆，1986 年

6.2.2 接地，及其与上部的关联

这些不同的接地方式，与基础不可分离，但是也区别于那种纯粹结构意义上的基础。接地关心的是建筑与土地尤其是地表的直接关系，当然，它也并非因此就不去向下深入以及向上延伸：在挡土的情况中，它要向下延伸；而在撑脚的情况中，则是向上伸展。但无论何种情况，它们共同关心的是因接地而来的形式、空间、秩序。当然，这些关系首先受到结构重力的影响，甚至是制约。

不同的接地方式，对上部建筑的建构形式有着重要影响，但

图 6-7 萨伏依别墅的架空，
勒·柯布西耶，1930 年

图 6-8 上海浦东湿地鸟类工作站的
剖面，朱竞翔，2013 年

并非必然之关系。以撑脚中的点状接触为例，在大部分建筑中它都暗示甚至规定了上部建造方式的架构性编织延续，比如说大部分的干栏式木构建筑。但是，撑脚也可能只是为了塑造一个平台，让自成一体的上部建筑有所依托。萨伏依别墅是形象上自成一体，但结构依然上下连续（图 6-7）；但位于上海浦东的鸟类观测站，则是无论形象还是结构上都自成一体（图 6-8）。不过，纵然有这些差异，二者却都反映了与土地的疏离——此时，上部建筑成为一个外来的技术产品，与土地的自然属性相对照。

挡土（墙）作为一种接地形式，被典型地用来处理坡地地形。由于它跨越了地上与地下，因而会最有力——至少也是最有潜力地——分化建筑中的结构与空间，不仅在竖直方向，也在水平方向。就建筑本身而言，这样的方式一方面把建筑紧紧地锚固进大地，另一方面，因为坡地的高差，建筑的上部又似乎可以挣脱这种束缚，这两种趋势和力量，便在建筑与景观的交融中，交缠与搏斗。图根哈特宅（Tugendhat）在路面以上部分完全为框架结构，白色的轻盈且通透的体量；至于下部则要封闭和厚重许多，并且结构也有了差异。进一步来说，这部分在水平向也是差异化的：面向挡土墙部分是承重墙包裹起来的辅助性的且相对封闭的房间，面向外面庭院的则是柱子承重的开敞的起居部分（图 6-9）。

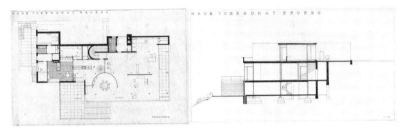

（a）平面　　　　　　　　（b）剖面

图 6-9　图根哈特宅，密斯·凡·德·罗，1928—1930 年

图 6-10　西扎的海边浴场，
阿尔瓦罗·西扎，1966 年

图 6-11　艺术收藏家住宅材料的
分化，赫尔佐格与德梅隆，1986 年

　　土石工程与框架工程，实体部分与架构部分，重与轻，这些主题似乎总是与挡土墙有密切的关联。出于应对场地的坡度而有了空间上的分化，空间上的分化又与结构的分化相一致。这种分化与区隔，便常常暗示着组合结构的适宜性。挡土墙还可能跳出建筑本身的局限而融入更大的地形，使得建筑似乎是嵌入其中。西扎海边浴场的那些墙体似乎是"扎"进了一个几乎不受限制的

场地。通常有着明确边界的场地，此时成为一个区域而建造的行为，则是对风景和场地的再次建构。随之而来的，是在空间、光线、风景的互动中，建筑和场地达到整体和有机（图 6-10）。赫尔佐格和德梅隆（HdM）的艺术收藏家住宅，则以北侧长长的挡土墙，凸显了缓坡的地形特征，下部的混凝土实体部分与上部的木结构部分则表征了轻与重的分化，这种分化，既是材料和结构的，也是空间和意象的（图 6-11）。

6.2.3　基础，以及地质性建构

如何接地，于是成为一个关于基础的问题。同时，它也确实是一个基础性问题。

所谓"基础"，意味着"根本的"，"起始的"，这也正好定义了建筑基础的两个性质：它对建筑有着根本的作用，因为没有它，一切都无从谈起；它也是建筑活动的起始，因为我们无法跳过对"基础"的兴建，来展开其他的建造活动。

正如第 1 讲所言，Tectonics 这个术语的字典释义首先是地质构造特征，尤其是褶皱和断层。建筑的基础部分，无论它是什么具体形式，恰恰重现了 Tectonics 的这种地质学含义。因为建筑和土地之间不可避免的联系，任何审美上的形式偏好或是现代建筑以来的空间迷恋，都无法消除建筑的这种地质属性。基础是建筑赖以存在的前提，也是因之持久的途径。它是重要的，但却常常是隐匿的。正如德国哲学家布鲁门伯格（Hans Blumenberg）所言，虽然"奠基"（Founding）是一切建造活动的起点，但是"任何在基础承载之上竖立起来并且持续下去的事物，都会在视觉上拒绝基础。在奠基之后，基础消失在它功能的掩盖性本质之下；只有在构筑物开始垮塌的时候才会暴露出来。"[2] 它是建筑与地面的悄然连接，也是建筑寻求与场地兼容与对话的结果：各种迥然不同

抑或对比鲜明的要素被组织在一起，建筑从这里诞生和长成 [3]。

佩德雷加尔花园（Gardens of El Pedregal）恐怕是最能反映这种诞生与长成的了。20世纪40年代末，路易·巴拉甘来到墨西哥城西南的佩德雷加尔（Pedregal），买下一片曾经被火山灰覆盖而如今长满热带植物的山地。他从平整一小片场地、修筑踏步开始，然后竖起一些墙体，再慢慢建起房子，发展出社区，于是有了佩德雷加尔花园（图6-12）。巴拉甘以一种不可思议的

（a）踏步　　　　　　（b）墙体和喷泉

（c）建筑

图6-12 佩德雷加尔花园，路易·巴拉甘，1940—1945年

方式，仔细研究了这里的地质情况和植物生长。他以建筑的方式来处理景观，也以景观的方式来处理建筑，二者共同的基础正是一种地质性建构。正是因为这种理解与态度，巴拉甘被认为固然是一位建筑师，但同时也是一位"矿工"[4]。

6.3 多"层"的场地

前述是作为地貌的地形，是"地形"概念中最基本、最直接、当然也最为根本的部分。地貌并非立于虚空之上，它是无数的过去聚集起来后形成的外表面。因此在地貌以外，土地还有它的厚度与广度，还有它的历史——不仅是地质意义上的历史，还有在此土地上衍生和积淀的人类的痕迹。

6.3.1 地质的与地理的

与建筑（埋在地下的）基础所体现的地质性建构不同，有一些特别的情况使得这种地质性可以延展到建筑整体，从而真正地"融入"大地。卒姆托的瓦尔斯温泉浴室，通过取材和特殊的墙体复合浇筑方式，复活了场地的地质性构造。带有白色云母的灰色片麻岩变成了浴场身上一种具有质感的肌肤，熟悉而又新鲜。经过亿万年的地质变化，拉伸或是挤压，形成今天的石矿。然后经过开采、切削、打磨，成为可以被使用的建筑材料。悠久的沉淀，凝聚在片麻岩的肌理中，从而让我们得以窥见"山体形成过程的运动模式"[5]。而其后繁多的加工不但没有——事实上也无法——抹去这种地质的历史，反而让它通过暂时离开原有的自然，化为建筑的肌肤——引人注目和诱人触摸的肌肤（图6-13）。

这些片麻岩石条不仅最后呈现在墙体的表面，成为建筑中与

（a）水与石的关系　　　　　（b）与山体的关系

图 6-13 瓦尔斯温泉浴场，彼得·卒姆托，1994—1996 年

人亲近的肌肤，它们在建造过程中还事实上充当了混凝土墙体的"模板"：先是绑扎钢筋，然后垒砌片麻岩石条，平整面向外，不齐处朝内，最后浇筑混凝土。二者之间紧密粘连，并互相进入，共同构成浴室的墙体，而不再是通常所见的干挂或湿贴的石材（图 6-14）。于是，一方面地质的信息凝结在材料当中，并进一步转移到建筑的机体中去；另一方面，这材料又与混凝土一道，以一种结构性的复合建造的方式，回到了地质的重新构造中去。

卒姆托关于石材的设想最初来自周边村庄，来自那些民舍屋顶上覆盖的瓦片。这些瓦片承载了地域信息，但这些信息也主要由地质而来。它们并不齐整，以一种质朴甚至原始的面目出现在建筑身上。但是建筑师并没有把片麻岩作为一种自动而神圣的地方性体现，因而这种材料的使用就并非先置条件。相反，呈现其在当代条件下的地理关联，恰恰需要与业已建立的"地方性"保

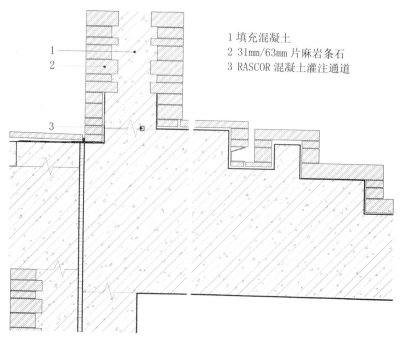

1 填充混凝土
2 31mm/63mm 片麻岩条石
3 RASCOR 混凝土灌注通道

图 6-14 瓦尔斯温泉浴场墙体大样图，彼得·卒姆托，1994—1996 年

持距离，或者对其进行更新，从而同时破除其中的"自动"和神圣[6]。如此说来，对于片麻岩的选用及其特别的加工和使用方式，毋宁说是基于地质和地理的双重考虑。

任何一个地点都自有其地质性的形成，这并不局限于山体。一般的陆地，甚至是水体，在这个意义上，都是地质性的。而那些地理层面的信息，虽然往往被以物质性的甚至是风貌性的方式来接收和接受，但也并不总是如此。

位于黄浦江边的边园，是对场地的地质和地理信息的另一种理解。作为城市更新的一部分，这是一个基于对既有基础设施的有限改造和富有想象力的添加。码头遗址以及防洪墙的坚硬、厚重，与静默，它深深扎根于大地的桩基，与黄浦江在地质和机能上的

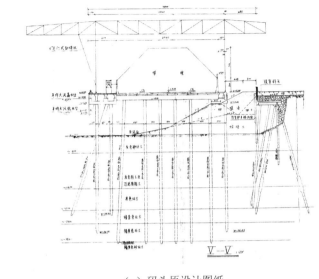

（a）码头原设计图纸

（b）边园场地剖面图

图 6-15　上海黄浦江西岸边园，柳亦春，2019 年

共生，都赋予了场地以特殊的地质性特征（图 6-15）。新添加的看似轻薄的廊顶，以及纤细的支撑（有时应该也起到拉杆的作用），更是凸显和强化了构筑物原本具有的地质性牵连。这里使用的都是通用的无特别地点属性的材料、混凝土和钢。但是，河流把码头纳入怀抱，时间把混凝土化作地质，更晚的新来者，以一种异质者的入侵方式，提示着先在者之为大地的一部分（图 6-16）。

　　如果说地质更多在其物理深度和历史时间向度，地理则是一种空间性的范围。它一方面常常源自地质性特征，同时又使这种

（a）朝向黄浦江的挑廊　　　　　　（b）背面遗留的泄洪沟

图 6-16　上海黄浦江西岸边园，柳亦春，2019 年

地质性更为可见。但是，虽然可见性在很多情况下占据了主导地位，但是在地理层面的场地信息中，不可见者同样重要，并影响建筑的建构形式，这在边园中有着生动的体现。

在边园的钢结构添建中，屋顶的形式来自上下游动的空间创造，以及观赏风景而来的不同面向，当然还有更为基本的尺度上的考虑。但也有了随之而来的倾覆的风险，以及对于临江一面的钢柱之受力属性的不确定。屋面和墙顶间脱开的缝隙恰好可以形成气流通道，而向着背面的巨大悬挑，也可以使屋面在自重下形成向后倾覆的弯矩，前排立柱成为受拉杆件，从而维持一个很小的截面即可。不过，当墙体背面迎风时下垂的屋檐更容易兜风上扬，细长立柱可能因此过度受压。对场地风环境的深入研究和模拟，发现自城市吹向江面的风被距挡墙背侧不远的废弃防汛墙阻挡，刚好可以维持屋面的平衡（图 6-17）。于是，这个防汛墙在形成背部庭院的同时，也成为结构抗风的有机组成[7]。

边园与场地环境的关系固然体现在许多方面，但是在视觉可见之显明要素以外，它的独特之处恰恰在于这种关系不再仅仅是静态的，而是在其工作中、在运行中、在环境的诸多力量中，表现出其地理属性，以及在这一意义上与场地的亲密与粘连。

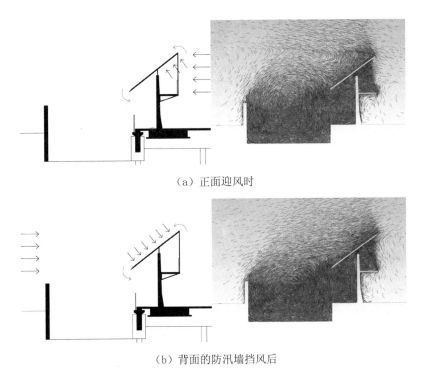

（a）正面迎风时

（b）背面的防汛墙挡风后

图 6-17　风影响下的边园受力图解，张准，柳亦春，2019 年

6.3.2　字面的与隐喻的

与场地的隐喻层面相比，无论是地质还是地理，都在场地的字面意义上。它们也会比较直接地影响或暗示建筑的型构，塔沃拉的网球场看台或许可以被视为这方面最为明晰的表现。一方面，它半嵌入这个坡地，形成前后与上下的分别，既是结构的——墙体承重与框架承重，也是空间的——幽暗的与明亮的，还是材料的——石材和混凝土，以及木构。各构件也极尽所能地表现出各自的要素独立性，再进而以多种方式加以连接，并予以表现。不仅如此，它还特别在意坡地所营造的风景，通过建筑的手段来营造观看风景的方式：屋面高起的一面，朝向坡顶的绿地和树木；

另一端则是非同寻常地压下，面向前下方的球场。

　　与之可以媲美但更为晚近的，是武夷山里新建的竹筏育制场。混凝土的框架和类折板的屋面，关系明晰，且尽显于外。混凝土的砌块，在当地"没有建筑师的"建筑的启发下，根据具体位置有不同的摆砌方向，围合了车间，并提供了通风（图6-18a，b）。

　　竹的加工需要明火烘烤，火，于是成为生产行为的触发者，

（a）环境中屋顶　　　　　　　　　（b）墙体砌块的不同摆砌方向

（c）火的使用

图6-18　武夷山竹筏育制场制作车间，华黎，2013年

所有活动的中心，并因这些活动而组织了建筑的结构、开间、光线、通风（图 6-18c）。这里的火在其功用性以外，已经几乎具有一种象征性，而这正是森佩尔在其四要素的论述中所属意的。

在森佩尔那里，炉灶被视作最古老的宗教象征，并被描述为汇聚的场所和标记。同样，承托起炉灶的基台也有着其象征性含义：卡尔·辛克尔（Karl Schinkel）和弗雷德里希·吉里等 18 世纪和 19 世纪的建筑师和理论家们，便就把基台部分的建造与建筑和社会的起始相联系。构筑房屋的基础或是整理建造的场地，意味着为社区、社会和宗教建立范围与领地。

与森佩尔的另两个要素，即支架和围护相比，炉灶和基台与土地有着更为密切而直接的关系。这也引诱了后人从建造的角度把它们分为两对：下部的土作部分（Earthwork），炉灶和基台；以及上部的架构部分（Framework），支架和围护。前者通常是重的，后者则通常是轻的；前者是晦暗的，而后者是敞亮的；前者是浑然的整体，后者则是清晰的组构；前者通常在居住平面以下，而架构部分则安坐其上和周围。确实，这种基于物质主义视角作出的归纳是非常自然甚至是合理的。但是，当我们说基台与炉灶是相似的因为二者都很重的时候，这些要素的其他意义却被忽视了。因为，所谓的"抬升"（基台），其首要的重点并不在于"砌筑"这样一种建造方式，也不在于砖或石这样的具体材料，而是在于它通过抬升而建立的建筑与大地的关系；而所谓的"汇聚"（炉灶），其首要的重点也不在于"陶艺"，或是作为材料的黏土，而是在于它是家庭汇聚的中心。"炉灶"更非与其他三个要素等量齐观，而是其他三个要素诞生的因由与存在的根据。换句话说，四个要素是等级性而非平行性关系。不得不说，这种二分的约减或说归类，在形式便利的同时，也缩减了森佩尔原本意图表达的社会性内涵，尤其是那些非物质性的，比方说宗教的、文化的与社会的方面。

在《建构文化研究》出版后的第三年，阿考斯·莫拉凡斯基（Ákos Moravánszky）在 AA School 做了一场名为"非架构文化的考古"（Excavations in Atectonic Culture）的演讲[8]。他强调了自古以来"基台"之于建筑的根本性，虽全由人造，但终究属于大地。这个厚重的基台可以放大与延伸为或真实或暗示的空间，它犹如洞穴，被物质所定义，为氛围所充盈。在这个意义上，莫内欧的梅里达古罗马遗址博物馆，卒姆托的瓦尔斯温泉浴场，甚至是他那周边完全围以玻璃的布雷根兹美术馆（图 6-19），都是这种由基台发展而来的洞穴空间。它们与架构的方式相对，并非以几何来定义，也拒绝以美学来判断[9]。因此，如果说建筑的架构部分，已经越发成为一种过于精致的系统，那么，建筑的接地部分——森佩尔所谓的基台，那个架构因之得以坐落的部分——则是可以与之平衡的力量。

6.3.3 重述还是阐释，顺从还是违抗

作为一种人工物，建筑占据场地的方式便是通过介入来改变场地。

对于场地自身的属性与特点，是顺从，还是无视，或是违抗？是每一次介入都要面对的问题。无论覆土建筑在形式上的消隐，还是怀旧式建筑在风貌上的表面和谐，都是看似顺从，实则放弃。而求新的欲望，则往往引致另一种态度，铲平重来的无视与违抗。后世常常以所谓的 Tabula rasa 来苛责现代建筑[10]，即是如此。然而，我们往往面临着两难处境。顺从？毕竟是对大地的介入，是对当下之条件和需求的回应。那么，违抗？毕竟终归要落入大地。

瓦尔斯温泉浴场几乎是以最极端的方式要"融入"土地，直抵其地质的层面。但是，它锐利的几何性又分明在"违抗"着

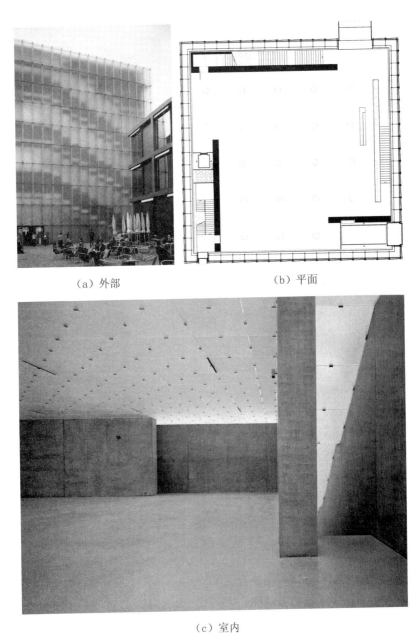

（a）外部　　　　　　　　　　（b）平面

（c）室内

图 6-19　布雷根茨美术馆，彼得·卒姆托，1997 年

（a）几何感的体量与场地的关系　　　　（b）剖面图

图 6-20　瓦尔斯温泉浴场，彼得·卒姆托，1994—1996 年

土地（图 6-20）。它借用了民居中的材料，但是拒绝通过顺应同样的石瓦做法来达到风貌上的"和谐"，而是利用现代的机器加工打磨成一块块木砖一样的石条，砌筑到墙体内部。事实上，风貌根本不在建筑师的考虑之列。这里，寻求的不是简单的和谐，也不是粗暴的对抗，而是某种深思熟虑的中间状态。通过这样一种创造性的而非所谓"创新的"方式，它尊重了环境，但也没有放弃塑造当下与未来的机会与责任。它发出了自己的声音，但也不至于剧烈地扰动土地。

究竟是顺从还是对抗，并不能单以形式论。两种态度的核心并不在于形式与风貌上的相似或对比——虽然这方面的考虑也很重要，而是对多种力量的承纳与反应。它既可以是莫内欧在古罗马遗址博物馆中对遗址的覆盖与保存，也可以是朱竞翔在南矶湿地科考站中对鄱阳湖水位高度变化的预留，当然更可以是大舍建筑在边园中对防洪墙的微创手术，以及对吹过场地的风的谨慎对待。这样的一种态度，不是对场地的重述，而是对广义的土地的阐释。

6.4　时间的痕迹

对建筑师来说，土地更多时候被理解为一种物质性的、可以触摸到的，能够被主动加工的东西。这种理解固然正确，但是这也往往掩盖了它潜在的特性，而正是这些特性，决定了其现在，也暗示了其在未来可能的变化。

6.4.1　时间的多重尺度

无论过去，还是现在与未来，都可以表现为不同尺度上的时间。既有地质意义上的近乎永恒，也有光影意义上的瞬间，还有气候和风景意义上的四季，以及材料与建造意义上的经年。建筑的行为和主题横跨了从地质到光影的所有层面，因此一个饱满的建筑，内在地要求同时呈现时间的多重尺度。

不过，在当代建筑中，似乎有着太多的因现象（Phenomena）之名而来的对即时性的迷恋 [11]，因为对于某一独特时刻光影的刻画，而无视或放弃其他诸多向度的时间。这是一种容易的"现象"的塑造，它并无法达成让人浸染其中的氛围。它只是一种创作者个人意愿的投射，而无法帮助形成群体的共识，从而也就放弃了建筑在其更深刻意义上的价值。

6.4.2　与土地共同生长

土地不只是静态的，它是绵延时间中的土地，因而是会不断生成、成长、变化的土地。它甚至也并非土地本身，还有人与自然所施加的影响。因此，拓展意义上的地形（Topography）不仅仅是现在，它也是过去与未来。在它的历史与现实中，便永远潜藏着一些有待呈现的面貌。这是它在时间当中的永恒的变化。矗立于天地之间的建筑，自然要接受这种变化和影响，与土地共成长。其中，最为显明的莫过于风化（Weathering）。

不管人们是否愿意，风化的作用都会改变建筑。它一方面要被抗拒，从而建筑可以正常运行，并且可以尽可能长久；但是另一方面，它又不仅要被接受，还要化这种来自自然的"损害"为对于建筑的贡献。建筑师并无法控制这种力量，但可以提供一种框架或者说条件，去承纳，并且是积极地承纳这种力量。这是一种不抗拒时间的建筑，也正是与土地共同生长的状态。而因为它接受随时间而来的变化，作为场地的"侵入"者，假以时日，无论是水岸山居，还是黄公望美术馆，它们的夯土、石材、混凝土、金属、竹材，都被环境罩上了一层底色。那些原本异质的建筑元素，被逐渐吸纳，塑造了一个被更新了的建筑与土地的整体（图 6-21、图 6-22）。

在这一意义上，地形是弱的，是背景，是有待发现和呈现的东西，要随着时间的流逝方能显现。它是低声细语的，甚至是沉默的。它既是建构不可或缺的背景，也是建构不能不去顾盼和保有的内涵。

6.4.3　土地与空气

地形学的根本在于土地，空气的属性是土地的当然之意，是广泛意义上的土地的一部分。二者不可分，一方水土有一方特别

图 6-21　水岸山居外廊，王澍，2013 年

图 6-22　黄公望美术馆外廊，王澍，2016 年

的空气。空气也赋予了土地以多层次多尺度的时间性，朝霞薄雾，抑或透明清澄，不仅随地而异，也随时而动。

但是，空气不仅仅是这种视觉上立即显现的"现象"，或者知觉上难以名状的"氛围"。在所有这些耳熟能详的审美意义上的"空气"之外，尤其不可忽略的是，它还是决定人体舒适度的关键因素。事实上，建造的根本目的之一便在于提供一方被调适了的适于人居住的空气。而对于这一意义上的空气的考虑，将会直接影响建构形式的表达。试想一下，把塔沃拉的看台和华黎的竹筏育制场包裹起来会如何？

对地形学的讨论长期以来都更为聚焦于土地，而忽略了空气。但是与土地之于建筑的影响相比，空气的影响不仅有巨大差异，且在当代更有挑战，因为也特别重要，我们把它单列到下一讲探讨。

请思考：

1. 所谓覆土建筑，当然不是陵墓，所以其实往往暗含着覆土程度上的不同，因此也就有了显隐之分，上下之别。你如何看待这种设计策略？其中，对土地的处理与建筑的地上地下的结构-空间形式之间有什么关联吗？

2. 在书中提及的几种对土地的理解的层面，你还有一些什么其他视角的理解？它们又是借助什么途径、以什么形式作用于建构主题？

注释

[1] 戴维·莱瑟巴罗教授提出扩展意义上的地形学是建筑和景观的共同基础，并概括了它的六个特征：既是建筑的也是地景的水平延展；镶嵌状的异质性；既非"如是的"土地，亦非"如是的"材料；不是"阳光下形式的游戏"；在，却并不彰显；饱含生活实践的痕迹。David Leatherbarrow，Topographical Premises，*Journal of Architectural Education*，2004（02），V. 57 Issue 3，pp 70-73.

[2] Hans Blumenberg，*Care Crosses the River*（California：Stanford University Press），1996.

[3] Vittorio Gregotti，Lydia G. Cochrane trans.，"Fundamentals and Foundations" in *Architecture*：*Means and Ends*（Chicago：The University of Chicago Press）2010：79-80.

[4] Marc Treib，"Foreword" to Keith L. Eggner，*Luis Barragan's Gardens of El Pedregal*（Princeton：Princeton University Press）. 2001.P. ix.

[5] Hauser S，Zumthor P. Peter Zumthor：Therme Vals. Zurich：Scheidegger & Spiess，1997.

[6] 关于这一建筑中的物质性和地域性讨论，参见：刘东洋 . 卒姆托与片麻岩：一栋建筑引发的"物质性"思考 [J]. 新建筑，2010（1）：11-18.

[7] 关于这一建筑在具体场地风环境中的力学表现，可进一步参见：张准，边园的结构 . 链接：https：//www.archiposition.com/items/cbaa3b4c87。

[8] 这里所谓的 Atectonic 并非从重力角度所作的建构与非建构的区分，而是地面及其下的幽暗静默部分与上部架构部分的不同，tectonic 即为森佩尔所谓的木架构部分，a-tectonic 是与之相对的沉重的与大地直接相连的建筑底部。

[9] 根据阿考斯在讲座中的说法，美学（Asthetics）是一种判断（Judgement），氛围则拒绝这种判断。他以其对 mound 的引申性阐释，表达了对所谓氛围空间的理解。

[10] Tabula rasa 取自一个拉丁语短语，意为"光滑或被擦掉的石板"。自亚里士多德时代起，哲学家们就一直认为，婴儿出生时的头脑基本上是一片空白。一些心理学家后来也接受了这一观点。自 16 世纪以来，英语中就把这种最初的精神空白状态称为 tabula rasa，但直到 1690 年英国哲学家约翰·洛克在他的《关于人类理解的论文》（An Essay Concerning Human Understanding）中提出这一概念，这个词才被广泛普及。更晚近的时候，出现了这个词的形象意义，指以原始状态存在的、尚未被外力改变的东西。

[11] 此处特指那种借用自哲学但是在建筑实践与话语中被立即简化和工具化了的现象学（Phenomenology）。

第 7 讲
空气，"表演"的建构

　　空气环裹着地球。近地几十、上百米内的空气，其质量和性能，很大程度上决定了我们对周遭环境的感知。这种环境可以是区域性的宏观环境，如地中海地区的明媚炽烈与长三角地区的温润柔和。也可以是局部的小环境，如苏北大地初冬时节薄雾弥漫的早晨，或是云贵高原上的清冽澄明。在这些略带浪漫的风景画一般的环境以外，空气还决定了这个环境是风和日丽，还是酷热难当，个中滋味，冷暖自知。

　　当一面墙被竖起，或是一个顶被架起，它们便划分或是限定了一个空间领域。空间的创造近代以来被认为是建造的根本意义所在，但不能忽视的是，不论是一面墙还是一个顶，它们还改变了这个微小环境中的气候状况：朝阳处温暖，背阴处阴凉；墙体可以遮风，屋顶可以蔽雨。这些对局部环境的调控，既非常原始，且与空间的划分或限定同时发生，既不早于也不晚于。如同艺术史领域对于原初建筑是出于人类的物质动机还是精神动机的争执一样，对于这些行为是出于建造动机还是环境动机恐怕也莫衷一是。

墙体与屋顶以及它们的诸多延伸与变体，视材料为基础，以结构相连接，经建造来完成；与之相对的另一种技术则是对局部空气"质量"的调节，或称环境调控，其核心在于性能意义上的运行（Performance），或者说"表演"。建造与环境调控是建筑学中最为重要的两条技术线索，在历时数千年的演变中，它们呈现出或同一，或交叉，或并行的关系。但是，以技术为基础的建构学讨论，从来且一直聚焦于前者，而少有触及环境调控，或仅把它视作一个与建构学分离、平行而无交叉的技术议题。在这些论述中，建筑似乎只是一个静态的物件，供人观赏、沉思，与玩味，它与外界在能量上的动态交换却少有进入建构学的视野。然而，在新材料的可能与性能要求下，从能量出发的考虑以及由此而来的策略，往往又恰恰有悖于建构学的某些传统价值坚守。能量以及由此而来的性能问题，成为建构学不能不去面对的问题。但也正因为对它的正视与回应，建构学可以在当代焕发新的生命，并成为更为深刻的一种文化形式。

7.1 环境的力量

建筑学发展的一个基本动因是对重力的挑战与克服。基于重力而来的结构法则是建筑形式的重要来源，并决定了建筑学的显在话题，成为建构学的核心命题。然而就意图与动机而言，建筑起源于在荒蛮的自然环境中围合出适合生存的领域，就此而言，房屋的物质构成毋宁是其获取和输送能量的形式表达。因此建筑学的发展事实上还存在着一条潜在的线索和一个隐形的法则，即能量结构法则。这一法则同样是建筑形式的关键决定要素，并应该被再次唤醒和正视[1]。

　　重力是一种力量，环境亦然，并且其力量的形式更为多样。对于这样的两类力量，建筑的应对方式大有不同：通过支撑来抵抗重力，但却只能以阻隔或疏导来回应环境之力。这种差异源于两类力量的不同属性：前者是 Strength，后者是 Force；前者是数量的大小，是 Quantity，后者是量级的强弱，是 Intensity。与重力相比，环境的力量是一种 Agent，它沁入机体，穿透建筑，并在其整个生命中或潜在或显明地持续运行。

7.1.1　传热、采光、通风

　　环境的力量既有热，也有风和湿，以及光和声，它们指向的都是空气问题。空气既是这些力量作用的对象，也是它们与身体之间的媒介。环境诸力量不仅共同决定了空气的质量，同时也成为环境调控的主要物理范畴以及评价调控成效的主要指标。

　　不过，于建构学而言，挑战主要源自热环境调控，更具体地说是热量的保存和维持。这是因为，在当代的材料和构造条件下，保温性能的优化要求采用层叠建造的方式，这远离传统建构学所青睐的那种有着真实意味的实体建造；并且，对保温性能的追求需要尽量避免冷桥，在今天钢和钢筋混凝土为主要结构材料的情况下，这常常意味着它们被隐藏，而非传统建构学所中意的那种诚实的暴露。总之，在能量优先的前提下，建筑被包裹、被分层，而结构、建造、材料都要被覆盖，被隐藏，被装扮。但另一方面，热环境调控不可避免地会涉及（自然）光环境问题。因为从根本上来说，热量来自太阳，来自光的传输以及光热的互换与储藏。不仅如此，通风对热环境也有巨大影响：通过对流，风对于热便已经有直接的调节作用；更重要的是，即便在同样的计量温度下，通风带来的湿度差异常常也会导致迥然不同的热知觉。由于这些原因，当我们在讨论空气问题时，虽然会把重点放在热环境调控上，但仍然也必须把热、光、风等环境力量作为互相作用与联系的整体来加以对待。

但同时，各环境力量及其作用对建构学的挑战又确实有着不同的表现：如果说基于热的考虑而来的结构遮蔽和材料伪装，挑战的更多是对建构学传统意义上的"诚实"观念和视觉可读性，那么，因为对光和风——二者间接地影响到对热的调控——的考虑，则构成了另一种挑战，一种行动（Action）对于静态、工作（Working）对于美学、运作（Operation）对于思辨的挑战：一直以来，建构关注的多是材料／结构与建筑形式之间的对应关系以及这种关系的视觉可读性，一种静态的表现，但是光和风的再现则都是动态的，它们是一种行动，并且在持续运行。

那么，因为环境诸力量的介入，建构有可能由一种静态的思忖变为动态的应对吗？有可能发展出一种能动的，Performative 的建构吗？

7.1.2 对热量的遮隔与疏导——窗（洞）作为通道

在不同的气候带或不同的季节，建筑对外界热量的需求与回应多有差异。在亚热带和热带，散热、隔热居于主导地位，对热量的调节便以通风和遮阳为主，并且这些行为主要以窗（洞）为通道来发生和组织。

与承重墙上受限颇多的窗相比，现代框架结构建筑中的窗，无论是尺度还是形式都更为自由多样，其承担的能量调节作用也更为可控和有效。这些窗，一方面通过由点窗到带形窗到窗墙的面积扩大，获取更多的自然光以及太阳的辐射热；另一方面，又以遮阳构件来阻断光和热的侵入。通过这种对建筑围护

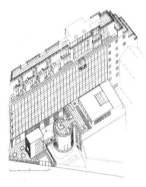

（a）轴测图（建成时）　　　（b）巴黎救世军大楼外墙（改造后）

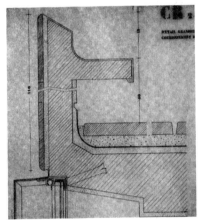
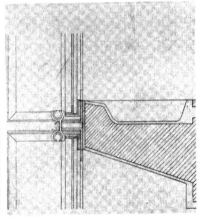

（c）双层玻璃在屋面与楼板处的构造关系（建成时）

图 7-1　巴黎救世军大楼，勒·柯布西耶，1933 年

界面的洞口的复合处理，环境的力量在被应允、疏导，或强化的同时，也被迟滞、抵御，甚至阻绝。围绕窗洞发生的这些行为，根本上是能量在内与外之间的交换与协调，它们表现了建筑在运行中的状态。勒·柯布西耶的巴黎救世军大楼由设计构想时的密闭界面，完全依赖设备的调节，到后来不得不增加遮阳设施配合重设开启扇的综合改造（图 7-1），是对这一问题最为生动的说明。其中，固然有未曾遇见的地基问题引发的对上部建

筑造价的削减，以及由此导致的主动性设备的缺失并进而带来的灾难性后果，然而，美学考虑压倒实际性能的观念上的浪漫与激进恐怕亦难辞其咎。

救世军大楼还告诉我们，窗玻璃的透明意味着光线得以进入，但这并非通风的保证。若要获得通风，则要么去除窗，成为纯粹的墙上的洞口；要么保留窗，此时，如何开启则成为问题。复加景观视野的考虑，以及居用的可能，一扇窗成为多种功能的集合体，而它们的诉求又常常并不一致。分离与整合成为两种基本策略：或是由不同的窗户来完成，通风者不透光，采光和观景者则不通风，如路易斯·康的艾修里克宅（Esherick House）（图7-2）；或是整合，即如我们在大部分情况下见到的那样，而最典型者则莫过于他的费舍尔宅（Fisher House）那个著名的转角（图7-3）。

图7-2　艾修里克宅，路易斯·康，
　　　　1959—1961年

图7-3　费舍尔宅，路易斯·康，
　　　　1960—1967年

对自然通风的依赖，强调有机结合结构构件的布置来开窗；对隔热的看重，需要遮阳构件的阴影，或是平台等灰空间的设置。所有这些，都在很大程度上强化了结构关系的视觉可读性。换句话说，窗（洞）作为通道来实现对热量的遮隔与疏导，常常是强化了建构形式。然而，空调在 20 世纪初的发明，尤其是在 20 世纪下半叶的广泛使用，极大地改变了这种状况，建筑应对环境的"运行"方式不再可读。因为对微气候的人工化调节的依赖，建筑整个为表皮所包裹，并且这包裹的方式还要尽可能地密闭而连续。

7.1.3 对热量的保存与持续——围护体的保温

与热带地区重在热量的疏导不同，在寒冷地区，重在热量的保存与持续，围护体的保温于是至为关键。这种需求强化了建筑之被包裹和封闭的趋势，亦弱化了建构形式的表现。因为，如果说 20 世纪之前的建筑中，保温的主要途径不外乎倚赖墙体厚度的增加和洞口尺寸的控制，从而与建构学所关注的本体与再现几乎一致，至少也并无根本矛盾，那么 20 世纪尤其是中期以后，"高性能保温材料"的开发，以及性能导向的构造层级的复杂与精确，则彻底改变了这种关系。

对于这种保温材料的描述，在热工领域更为常用的是"高效保温材料"（High efficiency），侧重于对"量"的描述与界定。此处使用"高性能保温材料"（High performance），目的在于强调对"质"的思考，即由于它们的使用带来了建造方式上的变化[2]。在易于获得的自然或人工材料里，静态空气一直是热传导系数最低的[3]，这样保温的关键便在于营造不同大小的"空气腔"。这可以通过构造措施，如中空的双层墙；也可以发生在材料层级。在高性能保温材料诞生之前，人们长期使用锯末、秸秆、软木、棉麻等天然材料，正是因为它们富含细小的空气腔。在这一意义上，保温材料如同空气的载具，是获得静止空气的手段。有研究结果表明，当材料中的孔隙为全封闭孔，且直径小于 50nm 时，空隙内的空气分子便会失去自由流动的能力而附着于孔壁上，近似于真空状态，从而材料整体获得低于空气的导热系数。而在非纳米级的材料中，聚氨酯类泡沫塑料因其内部孔隙中的气体以氟碳气居多，理论上也可以达到低于静止空气的导热率。不过因配方和成型工艺不同，其导热率会有较大波动。但即便如此，在工程领域的高性能外围护保温材料中，聚氨酯硬质泡沫塑料仍是导热率最低、保温效果最好的材料。

　　从保温层的构造而言，最常用的是外墙外保温和外墙内保温。与它们相比，外墙夹芯保温出现较晚，但与之非常相似的空心墙却历史悠久。从原理上看，将保温层置于两层墙体之间的夹芯墙做法正是由空心墙演化而来，只是由于此时的空心墙已经大多没有了空气层而是被保温材料填充，所以被称为双层墙或夹芯墙。由于两层墙体分离，夹芯墙的建造高度受到很大局限，且由于保温层被夹在中间无法更换，难以应对保温层与砌体材料在生命周期上的巨大差异。纵然如此，这种构造做法仍然为建筑师所偏爱，因为它可以降低对保温材料防火性能的苛刻要求，但更大程度上是即便在保温层的介入下，这一做法仍可获得实体建造的厚重和"真实"，一种建构的感觉。瑞典建筑师约翰·塞尔辛以 80cm 厚的夹芯墙扩建了一个路德宗小教堂（图 7-4），从而建筑的外部和内部可以同时获得砖的丰富表达。它呈现出的那种材料的重量与质量，以及蕴含其中的劳作，都更为契合对教堂建筑的期待。与这种夹芯墙做法相比，性能上更为优异、施工上更为便捷且有利于维护更换的外保温做法，对建构的固有观念则形成挑战。

（a）建筑室内　　　　　　　　（b）建筑外立面

1 混凝土板穿吸声圆孔
2 水平向模板现浇混凝土
3 玻璃
4 228mm 外承重砖墙
5 348mm 内承重砖墙
6 砖墙刷石灰浆
7 白色釉面砖
8 白色穿孔釉面砖
9 白色釉面砖砌筑的加热长椅
10 砖贴地板
11 混凝土基础
12 插筋
13 基岩

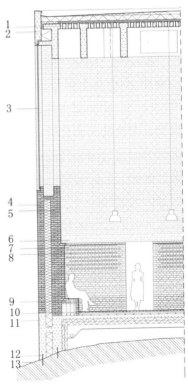

（c）外墙大样图

图 7-4　路德宗教堂，约翰·塞尔辛，2008—2011 年

7.2　被动与主动，及其不同的建构学挑战

对于这些环境力量的回应，可以通过建造来保蓄或疏导源自自然界的能量，即如我们前面所讨论的；当然也可以制造另外的能量，直接营造一方气候小天地。这正是环境调控的两种基本方式，所谓的被动和主动。

虽然囿于专业知识和立场，我们把被动调控视作原始且当然，而把主动调控视作晚近和衍生。[4] 然而，一则寓言故事可以轻易地打破这种迷思，并引导我们思考二者之间的差异究竟何在：一群原始人来到一块散落有大量掉落枝干的夜晚宿营地，是用这些木头建造一个棚屋遮风蔽雨，还是用这些木头生一堆篝火？——建造（Structural solution）还是燃烧（Power-operated solution），不仅是个需要回答的问题，也规定了后世应对环境的两种路径 [5]。沿建造方向的发展意味着创造空间结构来调节能量的流动，带来的是本体性技术与形式的发生；在燃烧方向的延伸，意味着通过可燃物质的化学能提供另外能量，带来的是对外在技术的倚赖——这种技术会优化建筑的存在，不过其缺失并不会导致建筑本身的危亡。

但是，首先面临的却是建造本身在性能压力下的矛盾。

7.2.1　轻质与高能的矛盾

从结构和建造角度而言，建筑越轻越好。事实上这也正是过去数千年建筑史的发展路径，建筑由厚重到轻薄，且越来越轻。但是从能量的角度来说，则要求建筑厚重，一方面对热量的散失加以阻隔，同时也有利于蓄热。固然，热带地区干栏式是一种轻型建筑，但这正说明它是对炎热气候的回应，而难以应用到寒冷地区。至于北方游牧民族的帐篷或是毡房，其对易于收纳和架设

从而利于移动的要求，已经超过了环境调控而上升至主导地位。

　　建筑变轻首先有赖于结构技术的进展，而变轻的同时还能保证其性能则有赖于新材料的发明以及建造方式的转变：框架结构的出现和普遍应用解放了墙体，使其可以专司空间围护与环境调控之机能；高性能保温材料的出现使墙体可以进一步变薄变轻，于是为着性能优化而来的复合建造不仅可能，而且必要。以性能材料为核心分别向外和向内扩展构造层级与材料，分层的材料与建造自此可以各司其职。

　　当然，以上都是从热传导的角度看，目的在于延缓通过围护界面发生的散热。保持热量的另一重要方面是材料的热稳定性和蓄热能力。在缺乏高性能保温材料的很长时间里，人们使用砌块墙体正是出于这种考虑，因为密度大的材料具备更高的热稳定性和蓄热能力，尤其是当墙体厚度也被增加时，这种特性更容易表现出来。虽然厚度增加可以提高热阻，但是与材料的耗用以及空间的浪费相比，其效率太低。因此，砖、石等实体围护墙呈现的

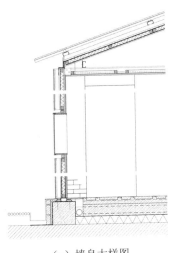

（a）墙身大样图　　　　　　（b）建筑室内

图 7-5　下寺小学，朱竞翔，2009 年

保温隔热效果，往往都是为了满足结构和建造需求而来的副产品。

解决轻质与高能之矛盾的一种途径是把二者相分离：起蓄热作用的密、厚、重的构件与轻质的外围护构件相分离，呈游离态置于内部。它们如钟摆一般，保证室内环境由冷热两极向中间回归。在"新芽"体系的原型之作下寺小学中，建筑师采用的正是这一方式：砖墙和混凝土地坪作为内部的蓄热体，与外部复合建造的轻质围护体相分离，二者既各司其职，又协同作用而相得益彰（图7-5）。

7.2.2 复合建造

所谓复合建造，主要指基于性能优先而来的围护体本身的多层级构造，有时也并且带有结构与围护的复合而互相借力。因此，它与我们在第4讲讨论过的层叠建造关系紧密，但指向和内涵都更为广泛。无论从结构还是性能角度而言，这一意义上的复合不是简单的拼凑，而是经由各自性能的发挥达到对系统的优化。核心在于通过材料或构件之联合，形成单一机制的叠加与互助，从而获得多种效益的一体化。

虽然20世纪之前的建筑中也存在类似的复合建造，但多是为了美学（室外）和触觉（室内）上的考虑，在这一点上，文艺复兴时期的"饰面建筑"最典型不过。保温等性能材料的出现以及对保温性能要求的提升，极大地改变了这种状况。此时，墙体的分层复合建造不再仅仅出于美学和耐久考虑，而是基于新材料的发现与发明，发展出相应的或更为有效的构造方式和结构体系，让各材料的特质和潜力得以最优发挥，以被动调控的方式来提升建筑性能。现当代轻型建筑的发展，是这方面最好的说明。

理查德·纽伊特拉（Richard Neutra，1892—1970年）于20世纪30年代的加州轻型建造实验可以视为这方面的先驱。他

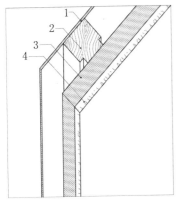

（b）建筑外观

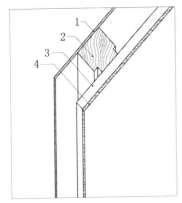

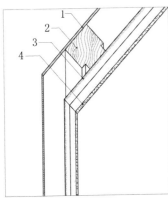

1 木质压力板内饰面
2 木结构立柱
3 保温层（根据位置选用不同材料）
4 外饰面（根据位置选用不同材料）

（a）墙身大样

图 7-6　VDL 住宅，理查德·诺伊特拉，1932 年

（a）建筑外观

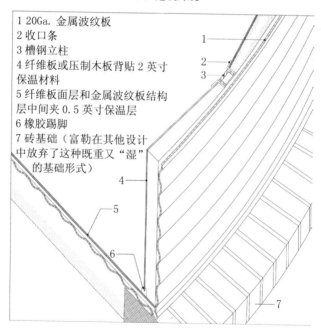

1 20Ga. 金属波纹板
2 收口条
3 槽钢立柱
4 纤维板或压制木板背贴 2 英寸
保温材料
5 纤维板面层和金属波纹板结构
层中间夹 0.5 英寸保温层
6 橡胶踢脚
7 砖基础（富勒在其他设计
中放弃了这种既重又"湿"
　的基础形式）

（b）墙身大样

图 7-7　最小化住宅单元，巴克敏斯特·富勒，1940 年

在这一时期的实践跨越了木、钢材料间的差异，并以层叠建造向当代材料和生产方式致敬（图7-6）。相较于纽伊特拉的个性化和多样性实践，巴克明斯特·富勒（Buckminster Fuller）在1950年代对于轻型建筑的探索更具有原型性，并更具复合性。在建造方式上则明显具有结构与围护互相借力、以性能材料为核心进行层叠构造的复合性（图7-7）。朱竞翔深受这些探索启发的"新芽"系列，是基于轻钢框架和木基板材构成的复合建筑系统。在轻质高强、可多次拆卸、并能有效抗震和防风之外，其多层、连续的围护子系统杜绝了冷、热桥，由此带来稳定、舒适的室内环境。由早期的下寺小学原型，到后来的格莱珉银行，复合建造本身也在不断改进：长向的檐口稍稍挑出外墙，但是外墙面板与空腔在这里成为集热墙（Trombe wall）——其朝阳面深色面层会在晴天收集热能，背后空腔中被加热的空气在冬季可以源源不断地通过洞口涌入室内，在夏季则可以自外挑的檐口散出。两种状态由位于二层的可由用户操控的翻板活门的开闭来控制。在那波澜不惊的木纤维水泥覆面板的后面，其实隐藏着热工设计上的惊人细致（图7-8）。

当代复合建造模式凸显了保温等性能材料的重要性，它是墙身功能在经历发展和高度分化之后的整合。而与通常以湿作业为特征的重型建筑相比，轻型建筑以基于预制-组装的干作业为主，也因此其构件之间的交接更为严密，层级也更为清楚，典型地展现了建构学的根本原则及其面对性能挑战时的可能变化。

7.2.3 集成设计

原始人的那第一堆篝火，后来演变为火塘、油灯、壁炉、火坑、煤炉，直至工业革命后的电灯、锅炉，与空调。这就是主动调控的发展历程，如今，它更多倚赖20世纪以来发展的技术与设备

1 15mm 通风孔
2 40mm 热空气上升孔
3 9mm 热空气孔控制盖板
4 三角形空腔
5 200mm 通风孔
6 9mm 通风控制盖板，磁吸固定

（a）外墙大样图　　　　　（b）建筑外观

图 7-8　徐州格莱珉银行，朱竞翔，2014 年

系统。与被动调控通过设计和建造自身来应对的方式不同，这里有很多"异质"之物，在建筑设计策略上如何处理它们成了不能回避的问题，也饱受争议。

密斯（在美学上）憎恨这些设备，他以平滑的吊顶加以掩盖，但同时也完全遮蔽了结构，其模仿者则更是因此被讥讽为"装饰工程师"。自那时以来，各种设备有增无减，极端者把建筑从墙体到屋顶都以内外两层皮夹起，将性能器件藏匿其中，诺曼·福斯特的圣斯伯里艺术中心为此招致弗兰姆普敦基于建构学视角的严厉批评（图 7-9）。在这类实践中，隐藏的是有形的技术物，彰显的是对于技术的乐观与信心。在这种应对中，天花是如此关键，以至于库哈斯在其组织的第 14 届威尼斯双年展上，特意把原本不起眼的天花单列出来作为一种基本构件，追溯其与结构和设备系统的拉扯牵连：由作为结构本身，到对结构的遮掩，再到为纷繁复杂的设备和管道提供藏身之所，直至它再次消失让那些经过仔细排布因而具有一定美学品相的机电设施可以"忠实"呈现（图 7-10）。

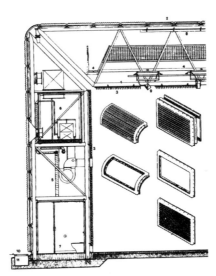

图 7-9　圣斯伯里视觉艺术中心，诺曼·福斯特，1978 年

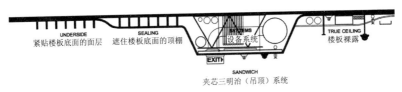

图 7-10　楼板、吊顶与设备的关系演变过程

路易斯·康不能接受这种以顶棚来包藏设备的方法，而希望在结构与空间层面做出应对，从而在应用先进设备进行环境调控的同时，仍然保有建筑本身的建构美。通过设备系统与其他构件系统之间的整合，他将设备要素转化为空间逻辑的一部分，并让材料与结构依然得以一定程度的呈现。这固然有美学的偏好，但其背后的伦理诉求——对建筑中各物居其所从而达至有机整体的秩序性的追求，却更为持久。如果说理查德医学实验楼的独立烟腔（排气井道）是在平面上作出这种组织（图 7-11），萨尔克生物研究所把设备和结构层集成并单独设置，则是在剖面上作出了类似努力（图 7-12）。更进一步的集成还可发生在构件层级，例

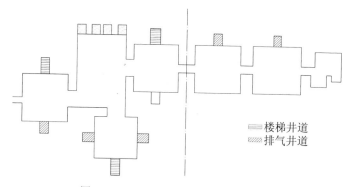

图 7-11　理查德医学实验楼的设备空间

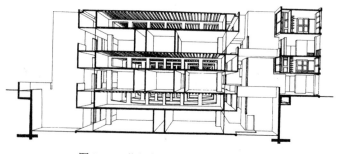

图 7-12　萨尔克生物研究所剖透视图

如通过管线与建筑中高热容性构件的一体化集成来达到使用中能耗的降低（图 7-13）。而无论是空间层面还是构件层面，这些集成设计的核心都在于通过设备系统与其他系统的整合，提高空间使用效率，减少装修性次级构件，并因此增强空间的结构感染力，在多重层面赋予建筑恰如其分的建构表现张力。

对弗兰姆普敦而言，这种"表现张力"正是面对性能要求时建构学应该正视并创造的品质。在《建构文化研究》中文版的序言中他写道：如果说建构是一种"技术力学的诗学"的话，那么"面对当代建筑实践花样繁多的技术可能，这种'技术力学的诗学'的概念又变得没那么清晰了。除了极为简单的案例之外，人们并不能简单地把建构学的观念视为纯粹结构自身的直接表现。显然，在实际工作中，为满足空间划分、机电设备、保温隔热以及其他技术文化设施的要求，各种偶然因素都有可能在庞杂的结构体系中产生。"他并且认为"一部建筑作品的诗意表现性"恰恰有赖

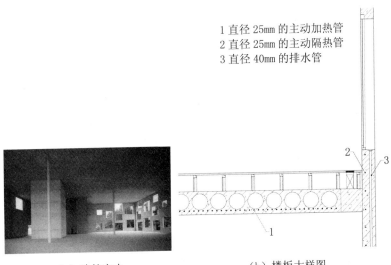

1 直径 25mm 的主动加热管
2 直径 25mm 的主动隔热管
3 直径 40mm 的排水管

（a）建筑室内　　　　　　　（b）楼板大样图

图 7-13　矿业同盟区管理与设计学校，妹岛和世，2006 年

于在作为建筑关键部位的结构的揭示与隐藏等诸多层面"赋予建筑一种恰如其分的表现张力"[6]。可惜这是一篇序言，作者未能对此深入展开。

但如何通过有效的材料选用与建造方式达到环境调控的目标，同时又体现出建构学的基本原则，始终是一个极富挑战性的实践课题。

7.3　由制作形式到工作形式

前述诸如纽伊特拉、富勒、朱竞翔的实践，聚焦于被动调控方向的尝试与努力，且颇有代表性。在取得良好的环境调控效果的同时，这些实验性实践也挑战了建构学的一些固有观念，并在其后很长时间里为传统建构学观念所不容。究其原因，这样的观念在很大程度上孤立地看待建造之于形式的意义，而无视形式背后的其他工作动因。

7.3.1　制作形式

如果说古希腊以来的建构学是诗作一体，并且徜徉于诸多不同领域的话，那么建筑领域的现代建构学则聚焦于建筑形式与结构受力之间的关系呈现。这一意义上的建构的兴起与18、19世纪的工业文明息息相关，尤其是在面对铁（钢）与混凝土等新材料时，如何处理材料、结构与形式之间的关系。

20世纪下半叶以来的建构研究一方面出于对发达资本主义条件下图像化的反抗，同时也是对现代建筑以来空间霸权的平衡。从爱德华·塞克勒的名篇到弗兰姆普敦的巨著，再到国内的转译以及本土的实践探索，虽各不相同，但也有一些共同的坚持，诸如"结构受力的方式应该清晰可辨，重力传递的路径必须视觉可读，建造过程和节点要得到诚实表达，材料的本性要得到忠实遵循"[7] 等。这些构成了今天我们言说建构学时的一些基本共识。但是归根结底，所有这些话语都建基于 19 世纪以来建筑学中的建造与美学主题，是一次对于 Form（纯粹形式）的偏离，和对于 Work-form（制作形式）的转向。它意味着要回归建造本身，建造一种"如其所是"、回归建造本来面目的"制作形式"。而无论是 19 世纪的欧洲还是一百多年后的中国，这些探讨都着眼于这种静态的（制作）形式及其背后的来源，聚焦于（建造）本体与（视觉）再现的关系。

与此形成对照的是，技术含量和重要性丝毫不亚于它们的环境调控却一直未能进入建构学的视野，甚至也很少能够进入主流建筑史的写作[8]。究其原因，一方面是主动调控在 20 世纪之前都一直并无大的进展，新材料也无例外地集中在结构与建造方面，而对热工性能的提升并无根本影响；另一方面，在建筑师和史学家们看来，性能方面即便有一些改变或进步，它们也甚少能够如结构和材料方面的进步直接作用于建筑形式。

但是，因为对环境问题的疏离，使得这种建构学一方面无法对当代实践——它们在优化建筑性能方面主要依赖设备进步和材料创新——作出令人信服的回应，另一方面也放弃了通过传统意义上的被动调控来强化建筑与环境之动态关系的机会。

7.3.2　工作形式

在环境与能源问题日益严重的当下，很难设想任何不顾及这一紧迫命题的建筑实践，而任何无视这一挑战的建筑学理论论述也都将会变得与当代无关。在这种情况下，"如果说 19 世纪面对铸铁提出的是由原来的纯粹形式（Form）转渡到对于制作形式（Work-form）的接受，今天，应该是我们慎重思考如何由制作形式转渡到讨论工作形式（Working-form）的时候了。"[9]

所谓工作形式，就是从建筑的内外能量交换来考虑建筑是如何工作，并且这种动态的工作机制又将如何影响到其构件连接和形式关系。与建造形式的实体与外显不同，它常常表现为一种机制并以不同的方式来加以呈现：无论是热，还是光和风，都是虚体，虽然可以感知但并不直接可见，要经由他物方才对视觉敞开。虽然相对隐秘，建筑与外界环境的"工作"关系持续且不断变化，并且瞬间可感，因而与人及（自然）环境的关系更直接也更持久。与此相比，虽然因承担对抗重力的任务，建筑结构也成为一种字面意义上的"工作"形式，但是它对重力的回应是如此缓慢，几乎可以用静态来形容，最多也只是一种潜在的动。

对工作形式的自觉也会"反哺"制作形式，以通风和隔热遮阳为主的自不必说，即便是应对通常不可见的保温需求，建筑师们也逐渐在极具挑战的重型建筑中发展出不同路径，并与复合建造的轻型建筑相区别。以在这方面具有典型探索性的瑞士建筑为例[10]，由当初视保温构造为一件应对性能规范的纯粹技术性事务，到设计主题跟保温和结构高度相关、倘若去掉保温构造则设计不再成立，再到2000年以后的一些建筑作品中，保温等技术要求已然成为新构造开发以及某些设计做法的核心依据，并出现了一系列新的"建构表达"。这一时期断热钢筋产品的诞生让混凝土结构可以被保温层打断而不影响结构的正常工作，于是我们看到在瓦莱里欧·奥伽提设计的帕斯佩斯（Paspels）学校中，连续的保温层使建筑分为内外两套结构系统，而它们的连接点经过特殊设计，都只承受剪力而非弯矩，从而简化了穿过保温层连接点的设计（图7-14）。克里斯蒂安·克雷兹的劳埃琛巴赫（Leutschenbach）学校，同样得益于断热钢筋，其竖向主体结构被置于保温层之内，但悬挑结构则被置于保温层之外，从而更好地表达了设计概念（图7-15）。

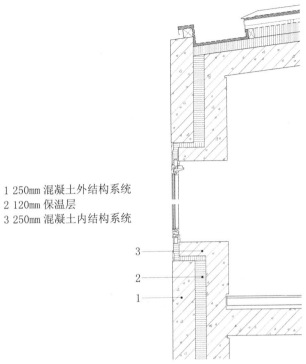

1 250mm 混凝土外结构系统
2 120mm 保温层
3 250mm 混凝土内结构系统

（a）外墙大样

（b）建筑外观

图 7-14　帕斯佩斯学校，瓦勒里欧·奥伽提，1998 年

（a）建筑外观

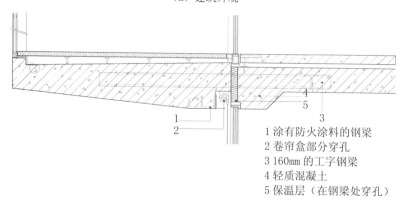

1 涂有防火涂料的钢梁
2 卷帘盒部分穿孔
3 160mm 的工字钢梁
4 轻质混凝土
5 保温层（在钢梁处穿孔）

（b）楼板大样图

图 7-15　劳埃琛巴赫学校，克里斯蒂安·克雷兹，2009 年

于此，我们也发现，如果说 19 世纪铸铁和钢骨混凝土的出现催生了新的结构形式，20 世纪源于高性能保温材料的挑战与此则有根本差异：前者结构潜力的发挥没有改变建构形式的评价准则，因为虽是"新"材料担负的却还是承重这个"旧"机能；而后者虽然没有改变结构体系，却对形式评价标准本身构成严峻挑战[11]，因为高性能保温材料既是"新"材料，同时还承担了"新"机能，而这个新机能的逻辑与要求却与既有的形式标准并不一致。

7.3.3　两种身体

建构学与身体存有内在的联系，而制作形式与工作形式（或者说建造与环境调控）分别指向两种不同的身体：劳作的身体（Labor）与医学的身体（Medical）[12]。前者是为了创造他物的身体，从而也是作为工具的身体；后者是被服务、呵护、满足的身体，因而也是作为目的的身体。劳作的身体面向他者，面向外在的客观世界；医学的身体面向自身，面向作为肉身的自己。

医学身体意义上的环境创造，常常是以室内舒适度为目标的狭义的索取式的创造。在持续的呵护与满足中，人的身体已然变化，变得更为脆弱和娇弱，而且几乎不可逆。然而，在人类对于自然的开发能力早已超过破坏能力的时候，环境挑战日甚，这一环境策略绝难以持续，又如何能够持续满足这样的身体？

无论是劳作的身体还是医学的身体，都不仅仅是工具或技术问题，而同时也是伦理问题。虽然劳作的身体是建构学的天然底色，但今天它却必须面对医学的身体，但是这种面对不应只是封闭空间的内部优化，而要把内外视作一个共有系统时的沟通协调。

7.4 能量运行的建构表达

不可见的能量在建筑内外穿梭，经过门窗，也透过墙体。这种运行一直在进行中，却永远处于隐秘状态。即便如此，它是结构建筑（Architectural Structuring）的一种力量与方式，是把建筑各部件有组织地连缀起来的内在机制。把这种力量和机制通过设计来加以表达，让不可见者（Invisible）可以被认识和理解（Legible），便是基于重力以外因素的另一种Articulation，也是建构学的当代任务。因为，唯有如此，当代条件下的建造才能具有扎根现实的、长久的而非即时的交流意义。准确理解建筑学中性能应对的性质，是实现这一交流的前提。

7.4.1 隔绝还是纠缠

对于能量结构这一隐形法则的忽视，尤其是19世纪以来以威利斯·凯利（Willis Carrier）发明空调为代表的建筑设备突飞猛进，使得建筑学背离了其一直秉承的通过房屋形态获取和输送能量的自组织方式，建筑与环境的关系陷入"隔离与控制"的范式，导致房屋建筑的能耗指数式上升，而国家倡导的绿色建筑亦多为设备专业主导，建筑师鲜有所为。

"环境调控"（Environmental Mediation）则差异于这种对环境的"控制"（Control），或者是那种对室内舒适度的"维持"（Stabilize），而是侧重建筑作为一个容器所担负的在内外之间的能量"协调"（Mediation）。它并不致力于通过"隔离"来实现完全"控制"，而是经由"融入"来进行综合"协调"，并以此致敬建筑的多重属性与需求。它在尊重各专业技术的性能贡献的同时，仍然立足建筑设计并强调它的核心地位和统筹角色。这一意义上的环境调控是在建筑本体之上的技术补充，是在被动主动两种调控方式之间的优化平衡。

确实，在能源领域，"环境调控"与"环境控制"几乎是同义词。从纯粹的能量的表现与单向度测量而言，二者至多只是在程度上表现出微差；但是从建筑学立场而言，此二者的分别却是性质上的。因此强调对于环境进行的"调控"（Mediation），而非"控制"（Control），或是雷纳·班纳姆所谓的"管理"（Manage），正是要凸显当代条件下应对这一问题的建筑学立场与路径，这也是对待环境问题本该采取的态度。

这种观念上的演变反映着人们对于环境问题的不同认识，从一开始的内化于建筑学，到独立为一个专门的学科，再到寻求与建筑学策略的协调。这些认识与实践并且进一步反映出它与经典建构学的不同关系，或同向并行或抵牾相克。而因为这种纠缠而非隔绝的态度，因为这种积极而创造性的回应，建构学才有可能成为超越美学思辨的、一种具体的地形性艺术。建筑与环境之间也不再仅仅是美学意义上的静态关系，还包括动态意义上的场地书写与能量交换。

7.4.2 "表演"的双重性

把建构学与环境调控相关联，反映了一种跨越的努力：建筑师不再只顾空间、外观、环境的体验，不再仅从美学角度作出判断，而要回应"性能"的要求；另一方面，性能的调控不能完全交由设备和技术去完成，而要调动建筑在其他层面的"表现"。这既是因为建筑在气候环境中的具体坐落已经赋予了它们性能调控上的潜力，也是因为那些非技术层面的应对可以帮助建筑在与环境的"纠缠"中更为深切地加入并贡献于生活世界。

这是一种整体性应对思维，也是一种更为久远的实践传统。即便是在 20 世纪中期开启了通过实验来定量研究环境调控之先河的奥尔戈雅兄弟，作为建筑师，他们也没有单一地依靠技术数据来做判断，而是把它当作决定建筑解决方案的诸多因素之一。事实上，只是在 20 世纪中后期，当关于环境控制的技术勃发并且相关实证性研究手段极大发展的时候，曾经的整体性设计才被分裂与分离。从那时起，环境调控逐渐被约减为纯技术问题，并丧失其建筑学的根本维度，成为环境控制。也是在这一背景下，有关环境与性能的讨论更多借用在建筑学及其他领域已经素有渊源的 Performance，但是被简化为技术性的性能实现和评估。这种内涵上的简化及其对话语空间的占领，反映并强化了建筑中的性能意识，只是其中更为广泛也更为基本的"表现"，甚至"表演"，则被漠视，甚或弃绝。可以认为，把空气纳入视野的面向环境调控的建构学正是要回到 Performance 的原初而综合的含义：一方面要面向"性能"，而不能停留于美学沉思；另一方面，性能只是"表演"之诸多方向中的一支，真正的表演必然有赖于对其他向度的关顾。

　　所有这些，当然会不可避免地带来形式审美和建造"伦理"上的挑战。但如果我们能够暂时悬置视觉，调动更为敏锐且更有穿透力的接收器，会发现新的形式在构件连接方式的精准性和各性能层布置的优先级方面都有清晰的建造和性能逻辑。在新的条件下，原有的观念需要被调整。这或许是建构学的妥协，但更是它在应对新需求后的成长，因为它在更深刻的层面上契合了建筑学的原理与价值。这种建构不单纯以视觉的感知为依据，而更倾向于从建造逻辑的成因去判断；它固然看重建造的品质，但更强调建造逻辑的品质。它是诸力作用下的一种喻形性表演。

请思考：

1. "建构"与"能量"这两条建筑史基本发展线索和两大建筑学技术领域，由曾经的一体化到现代主义时期的分离与并置，在当代条件下再次交叉融合并互相驱动。当代先进的轻型建筑因其自身的层叠性、复合性、系统性，成为这一建构学研究的重要考察对象，并对其有着突出的典型性和必要性。试以轻型建筑为例，考察它们在实践层面互相驱动的表现形式和具体路径。

2. 环境调控的介入使结构的视觉化呈现被压抑，但建筑的内在生成逻辑与外在真实表现，以及它们之间的张力，仍然是建构学所要处理的核心问题。在新的条件下，这些主题可以如何呈现？

注释

[1] 此处关于重力结构法则与能量结构法则的提法源自张彤，2016—2017 学年东南大学研究生建筑设计课程"前工院改造暨中庭高大空间性能化设计与技术协同优化"课程导引。

[2] 对高性能保温材料并非没有量级的考虑，从数值而言，对于高效保温材料的标准设定（导热系数在 0.05W/（m·k）以下）可以作为参照，但是与砖石等传统建材相比较，也可以放宽至 0.1W/（m·k），因为此时保温材料的使用已经显著影响了建造方式。

[3] 常温下，空气的导热系数为 0.023W/（m·k）。而直至 20 世纪 70 年代，美国联邦政府、航空航天工业和相关研究组织才开发出比静止的空气导热系数更低的绝热材料。

[4] 片面的理解往往把主动调控视作依赖电力等设备进行，因此是由建筑物本身衍生出来的方式；又因这些设备都是 19 世纪和 20 世纪方才出现或应用，它便因此又被当作晚近之事。与其相对的被动调控则是与建筑同时诞生，因此是原始的，也是建筑本身当然包括的。不过从概念和定义而言，甚至烧火取暖也是主动调控。因此，那种片面的理解其实是非常不准确的，其实是受到知识与立场的局限而已。

[5] Reyner Banam，*The Architecture of the Well-tempered Architecture*（Chicago：The University of Chicago Press，1984）19.

[6] 肯尼斯·弗兰姆普敦. 中文版前言. [美] 肯尼斯·弗兰姆普敦. 建构文化研究——论 19 世纪和 20 世纪建筑中的建造诗学 [M]. 王骏阳，译. 北京：中国建筑工业出版社，2014.

[7] 史永高. "新芽"轻钢复合建筑系统对传统建构学的挑战 [J]. 建筑学报，2014（1）：90.

[8] 王骏阳教授从建筑史学史的角度对于不同技术维度所承受的差异化对待及其背后的原因有过深入的探究，并且梳理了现代建筑以来环境调控的历史脉络。王骏阳. 现代建筑史学语境下的长泾蚕种场及对当代建筑学的启示 [J]. 建筑学报，2015（8）：82-89.

[9] 史永高. "新芽"轻钢复合建筑系统对传统建构学的挑战 [J]. 建筑学报，2014（1）：94.

[10] 以下关于瑞士建筑对保温要求的回应，详细论述请参见于洋. 解析保温层与建构表达的关系——以 9 个瑞士建筑为例 [J]. 建筑学报，2017（7）：101-105.

[11] 遵从材料特性，保温层就应被屏蔽于视线之外并且结构被覆盖，若要继续保证结构可见而去除保温层，则又无法回应今天的现实要求。

[12] Beatriz Colomina，"The Medical Body in Modern Architecture，" in Cynthia Davidson，ed.，*Anybody*（Cambridge，M.A.：MIT Press，1997）.

第8讲
图像，喻形的而非画面的 [1]

建筑不可避免地要表现为某种图像。这种图像，既是作为总体的形式，也是作为实体的表面。当其建成，固然如此；即便是被构思时，它也早已作为一种意象存于设计者的心中。不管是建成后的形象还是构思中的意象，它们都既是社会、经济诸因素综合作用的结果，也是设计者意向的实现，并或多或少地再现了它和土地、空气的关联。图像，不仅是对这些因素的再现，还有可能因此进一步蜕变（当然也可以说是升华）为历史中的形式象征，成为人类最后也最恒久的精神家园。但无论是再现还是象征，它都关键性地参与了意义的构建，贡献于文化的创设。

20世纪80年代以来的建构学研究被视为对图像的对抗，而因为图像与意义和文化的亲密关联，往往因为这种所谓的抵抗，一并也放弃了文化层面的追求，建构于是成为针对某一特殊时期某种特定现象的权宜之计。问题是，当这种建构被工具性地构建成一套价值、方法，甚至标准的时候，是否很快又会产生一种"建构"式的图像？而既然图像是建筑不可逃离的宿命，对于图像的抵抗又如何不会被图像所吞没，成为被抵抗者的另一种形式？

因此，与对图像的抵抗相比，更为关键的是分辨图像的类型及其生成机制。换句话说，首先需要追问的是何谓图像，不同类型图像间的差异何在。唯此，方可探究乃至发现，什么样的图像才可以贡献于而非削弱建构的文化属性。

8.1 喻形的与画面的

虽然建筑总是表现为某种图像，但是图像背后的来源和动力却可能各有不同：有时它更多是源自外部的压力，资本的需求、历史或地方"文化"的"传承"；也可能源自内在的需求，无论是技术方面还是使用方面。

在实体层面，建筑的诸材料与诸构件不仅是被结构连在一起，并且这种"结构"还是可以被感知因而可以被理解的，虽不必可视，但总在某种程度上可读。这两个方面——被结构的行为以及对这种行为的呈现，缺一不可，且同时发生。这种可理解性（Legibility）往往表现为一种 Image（图像，形象，意象），但是因其背后的动因所在，这种图像将不是外来之形象的赋予，或者符号的叠加，而是具有一种内生性，即，它由建筑内在的力量所导引，所激发，所铸就。此处，我们借助英语中的概念来表述可能会更为清楚一些：它是 Figurative（喻形的），而非Pictorial（画面的）。

Figurative 是 Figure 的派生词。在现代英语中，Figure 作名词通常表示"数字""图示""图像"等，作动词则有"装饰"

"代表（数字）""模仿（相似）"等含义。Figure 源于拉丁语的 figura，其使用可以追溯到公元前 1 世纪，其中瓦罗（Varro）、卢克莱修（Lucretius）、西塞罗（Cicero）这三位哲学家的著作对其最初的词义塑造至为关键[2]，并奠定了今天英文 Figure 的基本含义，即外观、轮廓、图像、形式等。虽然早期 Figura 的语义发展多源于哲学语言、文化语境及诗歌修辞学中的应用，但建筑学的讨论也对 Figura 的语义有所贡献。在维特鲁威的著作中，Figura 是建筑形式和塑性形式（Plastic form），或者建筑平面（对建筑形式的一种再现），或者人（体）的基本形式。除此之外，他也经常将其用作数学意义上的"数字"。

中世纪的宗教文学又赋予 Figura 以更丰富含义，其中包含的抽象的伦理寓言和象征性释义常常是混合的，也因此今天的中文语境中很容易对 Figure 产生符号等具象的固有印象。但是不同于纯粹的语义讨论，宗教中的表达必须结合历史的影响，它可以是一个形象也可以是一个符号，但一定具有某种历史的内在性，而片段化的符号释义则掩盖了这一点。因此，宗教表述中的具象性绝不能脱离历史的内涵，简化为现代观念中的暂时性的孤立的符号[3]。

可以认为，Figurative（喻形的）是内在力量的外在显示，它内在于建筑，是对于建构的视觉上的反映。Pictorial（画面的）则是外在的，是对于外在因素的反映和表现。建筑是一个活的、因行动而来的创造物。这种行动常常由人来施加，但是也显然包括自然的作用，后者甚至是更为持久和决定性的。

由 Figure 派生出的 Con-figure 和 Configuration 可以进一步帮助我们理解蕴含其中的行动与再现的双重性和同时性。简单来说，Configuration 具有双重意，第一种是说某种东西不仅可见（Visible），而且可辨（Legible），也可以说是一个"Figure"；

另一种意义是某种被和谐地安排和布局的状态；而 Configuration 的具象化（Figuration）就是建构行为（Constructive act）[4]。与我们通常使用的另外几个类似概念 Composition, Structure, Compartition[5] 相比，其最重要的区别在于，Configuration 具备一种可见且可理解的在空间和知觉意义上的相遇（Encounter）的状态，而这种状态的核心则源自"Figuring"这一动作，因此它重在活动的过程的可见与可理解，而非单纯作为结果的状态[6]。

从以上对 Figura 语义发展的回顾可以看出，无论是在其本身词义还是对建构的文化属性的认识而言，（建筑）行为的可见与可理解都十分重要。只是这种语义的双重性在现代使用中往往被忽视，而在建筑学通常略显粗糙的话语使用中，类似概念之间的微妙差异几乎被完全抹杀。恢复并认识它们之间的差异，唯有通过历史和具体语境，因为我们本来就难以用任何简化的定义来压缩它们在历史进程中的衍变。笔者无意去隐藏其包含的"形状（Shape）""形式（Form）""人像（A man）"等具象含义，只是试图呈现"Figure"在通常中文语境中固有印象之外的历史情境，给认识"喻形的"图像提供语义的历史纵深，也有助于思考什么样的图像才能贡献于建构的文化属性。

8.2　对诸力的再现以及对建造的远离

喻形性的图像是对诸力的再现，而非对图像本身的顾影自怜。所谓诸力，虽然主要是来自地球的重力，但是超越了这种结构属性的更广泛意义上的力量，比如实际的功用，乃至历史的象征。这一意义上的力，是 Force，并且是复数的 Forces，是对建筑产生影响的诸因素。当然，当这种力不再局限于重力而指向更为广

泛的世界，由重力而来的诸多规定便被驱离或是屏蔽，图像也逐
渐远离建造。

8.2.1　对诸力的应对与再现

重力永远都必须得到回应，但是置身于社会和自然中的建筑
需要回应的又永远不仅仅是重力。因此必须综合应对，而这将不
可避免地带来任务的复合性，从建造而言这往往涉及对建筑实体
的分层处理。只要分层，则必有表层与内里的差异。

奥托·瓦格纳（Otto Wagner）出于对银行身份的认知以及
对城市的尊重，把他的邮政储蓄银行外墙覆以大理石，并把每一
块贴面石材加工成特别的形状，似乎可以咬合在一起，更以铆钉
"钉"到墙上去。这一方面以与墙体本身材料的差异来回应身份
和城市的需求，而使得大理石饰面成为富有意涵的图像，同时又
非常"建构"地表达了表面石材的附着方式，从而成为所谓诚实
建造的范本。但是，当你明白虽然那露出的铆钉是真，但石材其
实是粘贴上去的时候，却又感叹自己受到了图像的欺骗（图 8-1）。
当然，这种以好材示外古已有之，文艺复兴时期为阿尔伯蒂予以
理论化地总结和正名。

至于建筑内部，则需要以更为细腻的分层处理来满足生活之
需。以森佩尔和路斯的立场观之，结构只是工具，表面才是目的。
空间因表面而可能，生活由表面来支持。路斯建筑中常常使用红
木、大理石、瓷砖、粉刷，以及各种色彩和透明度的玻璃，他在
意各种材料本身，用它们来创造适合不同用途和氛围的空间（房
间）。在他的建筑中，表面材料看上去具有一种图像的品质，这
种品质并不需依赖于别的什么。可以说，路斯的空间特征主要是
通过材料来实现。或许结构理性主义的信奉者并不赞同这一点，
但这无疑是创造优秀建筑的一个途径。

图 8-1　维也纳邮政储蓄银行，奥托·瓦格纳，1904—1912 年

图 8-2　米勒宅起居室，阿道夫·路斯，1930 年

　　路斯虽不固守结构理性，但强调材料的真实，反对以次充好式的模仿和欺骗，并努力使作为饰面的材料建造可以理解：在米勒宅中，客厅靠近餐厅一侧的阶梯形墙体被华美的大理石包裹，路斯小心翼翼地以竖直面的石材包起顶面的石材（图 8-2）。有论者言，这是为了表现这些大理石只是饰面，因而彼此之间并无支承关系。如果说这些材料表现为一种图像的话，这是一种为这空间塑造而来的图像，也是一种被建造而成的图像。也正是基于这些关系，材料方可以表现为空间性的、社会性的，当然也可能是画面性的。

8.2.2　对建造伦理的追问及其限度

　　若是仅从空间角度看，路斯本可以不顾及这些。但是因为饰面的律令，他内心仍然有着建造伦理作为底线。事实上，当实体建造不再可能，面层也越来越薄的时候，建造伦理恰恰更显重要，当然要遵循这种建造伦理也就更为挑战。

　　随着 20 世纪 60 年代以来高性能保温材料的诞生与应用，尤其是 1970 年代末新的保温规范在欧洲的出台，海因兹·宾纳菲尔德这样的建筑师们遭遇巨大的困惑。终其一生，他使用有限、简单、甚至是传统的材料，尤为专注于砖作，但他通过有效且富有创造性的构造方式，进行着虽难为人立即注意但却引发思索的尝试与表达。霍尔特曼住宅（Holtermann House）以砖为主体，沿庭院一周则以混凝土结构界定。虽是混凝土，构件之间却似乎分离而独立，彰显构件之形式关系。甚至檐沟与落水管也加入了建造，经由独特的构造设计而成为富有表现力的建造形式（图 8-3）。

　　但是砖墙的做法一直是个问题，保温的需求让全砖墙的做法无法继续。这种改变并非美学上可有可无的选择，而是因性能而

（a）内部庭院　　　　　　　　（b）立柱和落水管

图 8-3　霍尔特曼宅，海因兹·宾纳菲尔德，1988 年

来的规范上的必须。他转而采取一种类似双层砖墙的做法：内层使用保温多孔砖，外层是实心砖，中间为 2～3cm 的薄砂浆。此时，他心中（传统）砖墙的意象犹在，但支撑起这一意象的内容却已被残忍抽离。虽视觉无异，但在最严格的意义上，砖墙已"沦"为图像。不仅如此，由于保温砖不合适直接出现在室内，他被迫要去处理一层薄薄的粉刷。

在其身后才最终完成的巴巴耐克宅（Babanek），虽仍然是双层墙做法，但因对空间层级的区分以及门窗洞口的考虑，有了诸多细节上的特别。这些特点并不为人特别注意，但是却充满内在的逻辑与力量。

作为外围护的砖墙有 38cm 的全砖墙和 50cm 的混合砖墙两种做法。全砖墙部分直接落于混凝土短柱，双层砖墙下则与混凝土地基之间留有一条窄缝，透过这条窄缝，人们可以看到砖墙背后的结构层与地下室的窗户（图 8-4）。这种将外壳独立于基础的做法，暗示出砖作为装饰性面层的特征。

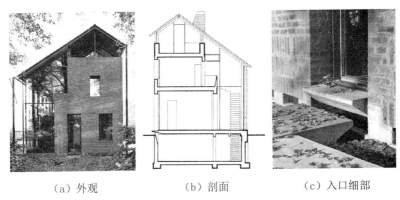

|（a）外观|（b）剖面|（c）入口细部|

图 8-4　巴巴耐克宅，海因兹·宾纳菲尔德，1997 年

　　门窗洞口两侧为全砖墙，洞口边缘 24cm 以外才是混合砖墙。这样，不仅自外部看不到墙体向内突出的 12cm 厚度，而且，砖墙在洞口边缘呈现的全部是 38cm 的材质一致的全砖墙。由于钢门窗向内突出安装于墙面，这 38cm 得以完全呈现。钢门窗的特殊安放还进一步表现了内侧粉刷的厚度。在双层砖墙中，由于内层的保温多孔砖难以作为室内材料直接出现，宾纳菲尔德在房间内部做了一层白色粉刷，而得益于前述的特别构造做法，在窗口侧边位置，玻璃、粉刷层与砖三种材料呈现出剖断面叠加的效果并被直观呈现。为了表现砖墙的完整性，窗框被固定在墙体内侧，同时将作为玻璃门窗结构支撑的 T 形钢与开启扇的固定件向洞口的中间内移，而剩下的两条窄窄的固定扇的外边缘以槽钢框起，粉刷层与砖墙的厚度在起居室内部可以被看到（图 8-5）。由于粉刷层被作为单独要素分离出来并加以表现，白色似乎不再完全抽象，而有了自身的厚度与重量；玻璃也不再只是被局限于门窗框之内的非物质界面，因为薄而贴合的边框的存在，其厚度提示了这种视觉上非物质的材料实际上的物质性。两种通常被视为"非物质"的材料在建造上被特别呈现[7]。

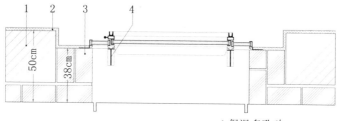

1 保温多孔砖
2 室内粉刷
3 标准实心砖
4 T形钢作为门窗自身结构

（a）起居室门窗洞口大样图

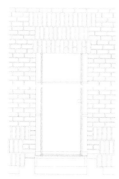

（b）起居室局部外　　　　　　　（c）起居室内部
　　立面图

图8-5　巴巴耐克宅

　　宾纳菲尔德对建造伦理的追问似乎永不停歇。如何不是以化学工程师的方式去定义材料，而是以建筑师的方式通过建造去表现材料，并在这种深思熟虑的表现中去回答那些可以称为建造伦理的问题：不仅是什么是砖，甚至也还是什么是玻璃？什么是粉刷？这种没有穷尽的自我拷问几乎令人焦灼。

　　开始与推进这种拷问的价值毋庸置疑，只是，究竟在何处可以收手？宾纳菲尔德对此也并非没有疑惑，在1986年关于"以砖建造"的采访中，他说：这种有争议的方法（指双层复合砖墙）

并非完全看不出来，我必须承认我砌筑外墙的方式是让它显得像实心墙。我不知道是否应该把建造伦理推到那样一个地步，也就是让墙的外部所呈现的图像必须符合它内部的构造。但是这种疑虑并不能阻止他对于这一价值的追求，10 年以后建成的巴巴耐克宅，又何尝仅只是对砖的追问，其中对粉刷和玻璃的处理远远超出这种实体层级，从而把建造伦理推进到令人难以置信的程度。

8.2.3　对建造的远离，亦或超越

或许，应该从另一个角度看建造伦理的问题。

分层并且变薄，不仅仅是在保温时代，事实上它存在于一切的分层构造：森佩尔所描述的古希腊建筑中大理石上的彩绘，以及柯布西耶白墙上的"雷宝林"涂层，恐怕才是极致。前者是对过往的记忆，后者是对未来的期望，但是都需要隐匿这俗世的实在与物料，获得纯粹精神和意念的自由。此时，图像的喻形和画面属性之差异并非那么清晰可鉴。

确实，当图像牵涉到对历史的追忆与呈现，问题便尤为突出。一方面，历史被作为一种图像存留心间，并不时重访，从而具有了象征的含义和功用，而这也正是人类文明的延续所必须。但另一方面，为此它又必须远离物质性的建造，因为唯此方可获得对物质的否定与超越，从而获得象征。似乎，对建造的远离是为了达到象征不得不付出的代价。

显然，不是每一个建筑都需要追求这种象征性。此时，建筑的类型及其具体处境变得尤为重要。宾纳菲尔德便认为，教堂需要一件"独特的外衣"，但人们应该在教堂建筑与住宅建筑中做出区分。因此，对于教堂而言，采用立砖竖砌的装饰性面层，让外层的砖墙便像挂毯一样悬在教堂的外立面并无什么不妥。但是在日常性的住宅建筑中，宾纳菲尔德却很少使用这种装饰性的砌

筑方式。当然，因为如果说在教堂中使用装饰尚是身份使然，那么在普通的大量性建筑中，象征性表面的使用则更需谨慎。

表面固然与图像具有天然的联系，并因分层的关系而立即指向建造问题。若就建筑中的象征性而言，更多的还是形式或风格意义上的图像。而如果说在以墙为主的欧洲和中东建筑文化中表面具有特别的重要性，那么在中国和东亚地区则是另一番面貌，贯穿整个20世纪的有关中国固有形式在理论和实践层面的争执便是最好的明证。苛责者斥其为对历史图像的直接复制与借用，从而放弃了新条件下文明的创造，并因其在相当程度上无视当下的生活需求而倍加责难。

但也难以一概而论，以阙里宾舍为例，虽有论者指其"在特殊的地点上，树起了一面复古主义的大旗"[8]，但因其紧邻孔府的具体位置，即便并非特别的纪念性建筑，也有了一定的形式上的正当性，况且，它事实上并没有无视当时的技术可能与生活方式（图8-6）。

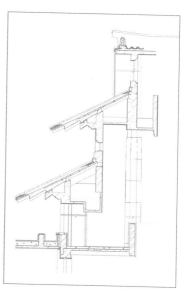

（a）中庭空间的传统重檐形式　　　　（b）重檐的剖面做法

图8-6　阙里宾舍，戴念慈，1985年

8.3　"景观社会"中建构的抵抗与局限

然而，当这种象征性泛滥为对历史图像的视觉挪用与拼贴，象征则脱离了其本意。它不再是对历史与文明的承载，相反却扼杀了新文明的创造机会。在王权和神权消弭的平民社会，固然还有建筑类型及其公共属性上的差异，但是对建筑等级的共识却逐渐减少。当商业成为组织和调节各种关系的核心，多种欲望驱使下对图像的引用或是"创新"便都随意了许多，布景化的建筑和城市也在所难免。建构学在 20 世纪 80 年代的复兴，直接诱因便是这一现象。它在 20 世纪末 21 世纪初在中国的引入与展开，也是针对类似的困境。

8.3.1　抗拒之虚妄

不过，建构是否被赋予了过高的期望？

因为，从政治经济学的视角来看，任何建筑都是空间之文化形式的象征表现。建筑在满足实际的功用以外，一直以来就同时还是传达信息的手段，这是建筑无可变更的媒介属性，任何时代都莫不如此。如果说宫殿表现了贵胄的威严与尊崇，棚屋也得要传达小民的体面，或许还有一点小小的可爱的虚荣。就此而言，建造，或者说建筑的物质性，就只是实现建筑这种媒介属性的工具。如此，建造等物质性要素固然有其独立的价值，但又如何能够抗拒来自更高层面——无论是经济还是权力——的号令？

虽然，图像一直在建筑中占据非常核心的地位，不过 20 世纪下半叶以来对它的迷恋也有新的特点。它被视作对现代主义清教徒形象的反动，也是对现代建筑声称的客观性的意义重赋。与以往相比，它还有着更为深层的生产和社会转型的基础。

居伊·德波在其出版于 1967 年的《景观社会》中指出："在现代生产条件占统治地位的社会中，整个社会生活显示为一种巨大的景观（Spectacles）的积聚。直接经历过的一切都已经离我们而去，进入了一种表现（Representation）。"但更重要的是，"景观并非一个图像集合（Ensemble d'images），而是人与人之间的一种社会关系，通过图像的中介而建立的关系。"[9] 在这一意义上，社会景观现象就是马克思曾经指出的那种已经被在市场交换中"颠倒为物与物关系的人与人的劳动关系，被再一次虚化，成为商业性影像表象中呈现的一具伪欲望引导结构"[10]（图 8-7）。

虽然这种社会意义上的景观（或者景象、表象、现象、图像、影像）并不能完全等同于视觉意义上的图像，但是它也确实反映了充斥社会各个角落的图像背后的深层因由，并为建筑和城市中的布景化转向提供了深层的解读。面对这一复杂图景，夸大建构的抵抗作用实在难免虚妄之嫌，亦绝非明智之举。

图 8-7 《景观社会》，居伊·德波著，张新木译，2017 年

8.3.2　价值之坚持

建筑一度被定义为一种具有即时交流能力（Immediate communicability）的大众文化和多元艺术 [11]。固然，这里有其反精英主义的意识形态合理性，只是在实践中却成为"用布景术手法来模拟古典和乡土建筑的轮廓，从而把建造（中本该有）的型构（Architectonics）降格为纯粹的模仿"，后果则是"使大众主义产生了一种破坏趋势，一个社会持续发展其建造形式之文化意义的能力被不断破坏和削弱" [12]。

建筑不能被等同于其他的图像类媒介，建筑是有自己独特属性和价值的学科。之所以如此，其中一个重要原因是它培育、形成、塑造一种持久的文化。不能因为即时的便利或是权宜，放弃这种权利与责任。而实践这种责任的一个有效途径，便是建构学所在意的这些问题。建筑中文化的生成恐怕没有捷径，意义的交流也该拒绝即时（Immediacy）。因为，符号化的使用固然方便，但若要图像作为意义的承载，则不可能通过傻瓜似的引用与戏谑。既有的符号之所以能够传递意义，乃因历史的累进与更迭。新的意义的产生，却绝无可能源自断章取义的图像片段。

回到前面讨论过的阙里宾舍，可能在其具体条件下是合适的，但是在历史向度上其局限性也是显然的。在这个被精细打磨的作品中，高度象征性的建筑形式（图像）具有几乎即时性的沟通能力，但意义与建造则仍旧是分离的——意义由形式来承起，建造是形式实现之手段，尽管也必不可少地对形式有局部的或一定程度上的修正。在那个具体时代和特殊环境下，这种分离的缺憾虽无可跨越，但在从抽象到具体、从概念到操作的间接转译中，它确实也不可避免地折损了建筑的力度 [13]。一种由建筑诸要素本身来生发意义、创造意义，而不是通过借用

形式来表达意义的认识态度和实践策略，将会更为有效地发展
建造形式的文化意义。

　　赫尔佐格和德梅隆的早期实践可以更好地说明这种差异，并
可看作为图像世界中坚持建构价值的一种努力。位于住区中的艺

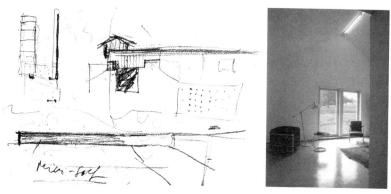

（a）设计概念　　　　　　　（b）端头部分的室内

（c）室外庭院

图 8-8　艺术收藏家住宅，赫尔佐格和德梅隆，1981 年

术家周末住宅（Art Collector's House），固然延续了双坡木构的家之意象，但被混凝土的基座托离土地。这个基座在水平向梯度展开，垂直于等高线并插入缓坡，于是土地本身的特征自此出现。上部的双坡木构部分为家居，半埋入土中的混凝土部分则是用于收藏与展示。因此这两部分之间的差异，显明的是材料和结构，但还有一种隐藏的力，也是更为强大和生动的力，是空间的居用方式（图8-8）。

　　更为典型的是他们对表面的处理，虽被人津津乐道，但也招来很多正统建构论者的非议和诘难。杰弗里·吉普尼斯较早对此予以积极的解读，他以面妆（Cosmetics）来比喻这两位建筑师的方式，因为这些带有装饰性的处理通过刻画而强化了建筑本来的特征和表情，这一点和通过施用面妆来强化面部的阴影与轮廓，抑或弥补其缺憾，有着共通之处。它一方面改变后面的本体，但是又不背离这个它所依托和寄居的本体[14]。面妆的方式并不寻求去触及结构，它是否因此就变为纯粹的图像？并非如此。吉普尼斯讨论了他们早期完成的信号站系列，以及雷可拉仓库（Ricola）系列（图8-9），最终总结道："聚焦形式、场地、结构、建造，甚至是材料，HdM的策略完全是建筑学的，这种坚持简直到了狂热的地步。在其事务所迄今为止的所有作品中，未曾使用过不属于最严格意义上的建构法典的形式、结构或材料。"他们致力于以建筑自身的素材来创造一种新的感觉（Sensibility），这种"新"于是"无关意识形态，也非对边缘状态的刻意追求，而是对核心问题的直率、甚至是激进的捍卫"[15]。

　　以面妆来描述这个事务所那一时期的工作方式是否妥当，可以再做讨论。有价值的是，吉普尼斯认知到建筑师作品中对这个世界的图像性要求的特别回应——一种无结构理性，当然也并不是非结构理性或反结构理性的回应。这种回应不以放弃建筑

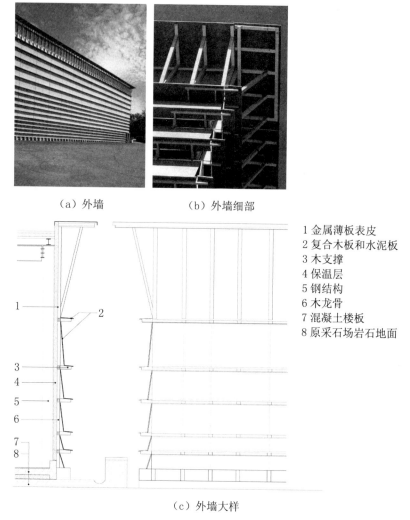

（a）外墙　　　　　（b）外墙细部

1 金属薄板表皮
2 复合木板和水泥板
3 木支撑
4 保温层
5 钢结构
6 木龙骨
7 混凝土楼板
8 原采石场岩石地面

（c）外墙大样

图 8-9　雷可拉仓库，赫尔佐格和德梅隆，1991 年

的物质性为代价，但也并不固执于所谓的结构真实性。两位建筑师并不以极少主义的高冷来拒绝交流，当然更不以戏谑或拼贴来谄媚，而是致力于达成一种交流式建造或者说可交流建造（Communicative construction）。

8.4 "美"与"力"的平衡

实现这种有交流能力的建造，有赖于"美"与"力"的平衡。至于什么是"美"，今天如此混乱，它固然是美学判断，但往往也是伦理权衡。而"力"，也当不仅仅是重力，还有性能、环境等诸因素。这一方面是对建筑师自身创造力的挑战，但同时也是对"读"者的挑战，至少需要他们保持一点点的耐心——不以即时交流为目标，却因仔细阅读后的洞察而欣喜。有时，甚至还需要一些智慧和想象力。

8.4.1 塔沃拉的模棱两可

如我们之前所言，塔沃拉的网球场凉亭有着不可思议的清晰。但仔细审视之下，却也有些令人费解之处：朝向网球场的是一个出挑的巨大的平台，以及尺度几乎夸张的栏板，背向山坡的则是一片白墙，在这白墙当中竖起几根石柱，但奇怪的是石柱并不落地，而是与白墙咬合在一起。这种在刻意分离以后又以不合常理的方式结合在一起的做法，在这个小小凉亭中还并非仅此一处。那么，这究竟只是建筑自身的形式趣味，还是也和它的场地有什么不易察觉的关联（图 8-10a）？

仔细观察从接近地面的洞口处，可以看到其上只是薄薄的楼板，由此可以推测出此处实为反梁的可能。但是，假如这真的是个反梁，它却又被完全隐蔽：不仅被做成与墙体等厚，而且被以统一的白色覆盖，二者之间材料的差异被化解。如果这一推测成立的话，那么以结构理性的立场观之，这个形式上极端明晰的结构物，在此处则脱离或隐匿甚至是背离了结构[16]。由于对真实受力关系的遮蔽，而呈现出一种显然的图像性。因为这种"不合（常）理"的图像性，使构件之间的几何关系更为明晰，创造并强化了

（a）场地中的建筑

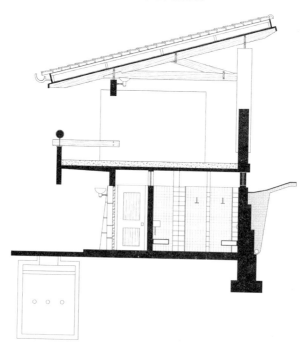

（b）剖面

图 8-10 网球场看台和休息亭，费尔南多·塔沃拉，1956—1960 年

一种非结构性的结构关系。四根石柱的独石性（Mono-lithic）表明了建筑师对这种构件之关系的在意，而石柱的不落地以及楼板的水平向微微出挑，进一步刻画了建筑与场地的关系。这种刻画，正是在实际的功用性考虑之外，通过构件关系的微微调整来达成（图 8-10b）。

在力学的暧昧以外，这个不起眼的小建筑中也有功用上的多义。楼板下方的方洞，固然有通风孔的功能性解读，并且这也是显然的。不过，也有熟悉塔沃拉的葡萄牙建筑师确凿地认为那是他对于古典建筑中三陇板的陌生化再现。乍听上去，这多少有些不着边际，然而结合塔沃拉对于类似问题的态度，以及他在那一时期的通常做法，这倒也并非完全不可理喻。不过，这种解读已经完全脱离了建造之力或是任何功用之力，成为对历史的一种审慎延续。于是，在对想象力的渴求与挑战中，它们构成了另一种图像性。

所有的这些模棱两可与似是而非，恰恰是一种平衡"美"与"力"的努力。它固然是作者的努力，但有时也要求读者的努力。

8.4.2　建构是对图像和技术的双重抵抗

建筑是生活的物化。这种物化，一方面是对生活实践的支持与满足，另一方面还是对这一实践样态的表达与再现。只是这一显然的道理往往被忽视或者漠视，建筑于是要么汲汲于广告术的"即时交流"（Immediate communication）而失却了建筑的物质意涵，要么醉心于技术可能而无视技术本理应呵护的生活本身。这种褊狭，并非当下中国独有之特征，而是今日世界普遍之现象。

对图像的抗拒并非也不应绝对。纵是敝舍，亦当收拾停当，略加妆点。图像之美，是生活的尊严，也是对这种尊严的向往。它让这个世界不仅可读，可以被呈现，并且值得被呈现。对图像的抵抗并非是要拒绝，而是要允许它去表演，与其他要素，或者说诸力，一道表演。唯此，才能避免无聊的历史戏仿或是纯粹的视觉刺激，而是引人入胜甚至发人深思。

因为与广告术的亲近，图像往往被视作资本的帮凶与工具，技术对此则似乎是一剂解药。事实并非如此。如果图像和技术都被割裂地、画地为牢地去理解，二者在这一点上并无实质不同。因为，当工程师发挥技术的效率极致而置其他维度于不顾，以此实现资本利益最大化的时候，这种工程学和聚焦图像的广告学在与资本的关系上就并无根本不同。对资本的警惕并非要去拒斥资本，而是不让资本淹没了诸多其他向度的任务与考虑。因此，对于图像化（Pictorialization）和技术化（Technologilization）的抵抗，本质上是对图像决定论和技术决定论的抵抗。我们需要一种更为包容的中间状态。

在"美"与"力"之间折冲，在图像与技术之间周旋，总是异常艰难，但这正是建筑学的应取之道。过去如此，今日尤然。建筑学不在两极，而在之间。建构在对抗图像的同时，也对抗着技术，它是抵达这一"中庸"之态的可能甚至是可靠途径。

请思考：

1. 今天的建构学号称要抵抗建筑的图像性，但是，任何建筑又恰恰都不可避免地会以图像的方式来呈现。那么，这种所谓要被抵抗的图像是什么？建筑中还有什么其他类型的图像？试说一说你对于不同意义上的图像的理解。

2. 为什么说图像是建构文化不可缺少的一部分，甚至是其中较为高级的那一部分？

注释

[1] 本讲内容曾以"物象之间：建筑图像的喻形性和画面性"为题发表于《建筑学报》2021 年第 12 期（84-90 页），收入本书时有少许修改。

[2] 瓦罗作为词源学家，较少原创性的发展，在其著作中，Figura 表达了"外在的表观（Outward appearance）"，甚至是"轮廓（Outline）"，并且几乎与"形式（Forma）"等同；卢克莱修的使用虽然意义多变，但共享了几个核心意思"本型（Model）""复制（Copy）""虚构（Figment）""梦像（Dream image）"；西塞罗则摒弃了对 Copy 和 Image 的意义的沿用，而使"外表和知觉（Appearance and perception）"的意思得到发展。具体可参见 Auerbach，Erich. Scenes from the drama of European literature. Vol. 9. U of Minnesota Press，1984，p19-28. 奥尔巴赫（Auerbach）指出可感知的形式（Perceptible form）是西塞罗对于 figura 语义的最大贡献。

[3] 参见 Auerbach，Erich. Scenes from the drama of European literature. Vol. 9. U of Minnesota Press，1984，p28-60. 此部分关于宗教文学对 figura 语义拓展的认识，基于此书对 figura 在早期基督教文书中使用方式的梳理和总结。

[4] 此处对于 Configuration 一词的认识是基于莱瑟巴罗教授在东南大学建筑学院 2018 年冬季 "Structuring" 系列讲座中对于 Structure，Composition 和 Configuration 使用场合差异的解答。其中他谈到 "architecture's manner of structuring topography…looking at the subdivision of parts within a platform，which I tend to call configuration，bringing the figures that make up the inhabitable landscape into coherence".

[5] 阿尔伯蒂（Alberti）在提到的 Compartition 的概念更为侧重基于自然（nature）和便捷（Convenience）前提下组织后形成的恰当（Suitable）的状态，参见 Alberti，Leon Battista，and Giacomo Leoni. *The architecture of Leon Batista Alberti in ten books*. E. Owen，1755，p373-374. "It will therefore be a just and proper Compartition，if it is neither confused nor interrupted，neither too rambling nor composed of unsuitable Parts…But every Thing so disposed according to Nature and Convenience，and the Uses for which the Structure is intended，with such Order，Number，Size，Situation and Form…"

[6] 参见 Auerbach，Erich. Scenes from the drama of European literature. Vol. 9. U of Minnesota Press，1984. 在此书中奥尔巴赫（Auerbach）从梳理了 figura 一词的历史演变，从其最初的使用中就已可见其意图在于表达活动的过程而非结果（the activity of forming than to its result）。

[7] 对于这一细部的解读主要源自杜清娴 . 材料的呈现——对于 Babanek 住宅中玻璃与砖的解读 .Der Zug.2018.09.07. 链接为：https：//mp.weixin.qq.com/s/1HAvqKtiJoOx2czF1hbRJQ.

[8] 曾昭奋. 一种严重倒退的建筑创作指导思想 [J]. 新建筑，1989（4）：40-42.

[9] 居伊·德波. 景观社会 [M]. 张新木译. 南京：南京大学出版社，2017：3-4.

[10] 张一兵，代译序. 载 居伊·德波. 景观社会 [M]. 张新木译. 南京：南京大学出版社，2017. 1-2.

[11] 查尔斯·詹克斯在其 1977 年的《后现代建筑语言》中，把后现代主义定义为一种具有即时沟通能力的大众主义和多元化的艺术。

[12] Kenneth Frampton，Modern Architecture：A Critical History（3rd edition）. Thames and Hudson，1992，p.293.

[13] 对阙里宾舍更为具体的分析可参见：王伟 史永高，"面具"之下的得体——再读阙里宾舍. 建筑学报，2021（02）：1-6.

[14] 当然，对于何为本体何为表面自然可以展开很多层次的分辨（结构与表皮，或是表皮自身的分层建造），但终归因此与建筑中更为古典的独立性装饰（Ornament）相区隔，不似它那般在结构上与其他部分追求共鸣或是形成平衡。

[15] Jeffrey Kipnis，The Cunning of Cosmetics：A Personal Reflection on the Architecture of Herzog and de Mouron. In Todd Gannon，ed.，*The Light Construction Reader*（New York：The Monacelli Press，2002）. 429-435，432.

[16] 据葡萄牙米尼奥大学（Minho University）的爱德华多·费尔南德斯（Eduardo Fernandes）教授介绍，此处并非反梁。楼板下部是普通的混凝土梁在中间开洞，上部白色粉刷背后的都是花岗石砌筑的墙体，与四颗柱子是同一材料。如此看来，塔沃拉在这里寻求的只是构件几何关系上的分离与明晰，在结构上并无特别的机巧。我在此处刻意保留一个有可能误导的推测，意图是在合理想象的基础上，放大这个小亭子中的模棱两可与复杂性。这是"美"的一部分，一种非视觉的有赖想象去达成的美。

结语

　　建筑是建造于某处满足人们一定需求并且表现这种需求的东西。假如这一定义是可以接受的，建构、场地、空间就是很基本的考虑。所谓基本，就是缺其一，将不成为建筑。

　　建构大约是其中最有生成力和延展力者。它聚焦于物，但又一直也必须有着超越物的冲动。它可以起于最笨重最低下的活计，但是又总是指向最美好最美妙的境界。它是物质，又是理念。这种跨越，正是其特别的也或许是独具的迷人之处。虽然无论中西，都有由理念至视觉至制作逐渐下降的等级链条，但是，把这种等级整个颠倒过来也未尝就毫无道理。若论与生活与生存的亲密，介入世界的力度，最基本者恰恰最不可缺也最有力最持久。

　　暂且放下那个被视为最高级的作为万物之"模"与"型"的理念不论。建筑既要被建造，也必然被看到。但如何理解这个"看"，则大有讲究。在哲学家的探究中，"可见"与"不可见"便就跨越了诸多层级。其中生理意义上的视觉固然是重要的，但显然绝不止于这种视觉。建筑亦然，并因其多重维度上的"可见"，建筑与人、与世界有了至深至切的缠绕（Engagement）。

建筑中的这些"可见"，固然是形式与材色之视觉可见，但更为重要的在于，它也是对行为的暗示或表现：因为有门，我们知道人可以通行于内外；因为有窗，我们意识到此地太阳的运转和风吹的方向；而梁柱和墙体，则分明地展现它们对大地引力的对抗。所有这些对使用的呵护，对气候的回应，对重力的抵抗，虽然由不同主体来施加或是发起，但它们共同使建筑生动地存在于这个人（工）与自然的世界，并贡献于这个世界。这种通过特定的行为与诸物发生或呈现的缠绕，是建筑有意义地置身于世界的途径，并使建筑成为一种根本性的文化形式。它们固然常常表现为状态，但居于背后的则是行动（Action）。因此严格来说，缠绕是建筑在被使用或是运行（Operation）中所表现出的状态，并且以不同方式为我们所"见"：有时，它就那么直观地呈现于你的眼前，于是你"看见"；另一些时候，它并没那么显明，需要你去主动地"发现"；更有些时候，它需要人基于自身习得之经验甚至是训练方得之知识，通过探究来"理解"或是"领悟"。

建构不等于建筑，但关于建筑之"可见"的这些讨论，大多都可以用来思量建构。事实上，建构正是在制作与观看的龃龉中得到复兴并处理这样的问题，而种种"可见"所表现出的之间差异，很大程度上也源自"可建"所倚赖的技术手段因其形式之差异（工具，机器，系统）而对建筑施加的不同影响。

工具（Tool）是对身体的补足，是通过对人力的延伸来实现人的目的：木工借助斧锯来建造，其内在愿望便点洒其间，周遭亦因之增色。蒸汽动力与电力的应用从工具中分离出机器（Machine），借助这些动力，机器可以独立于人畜之力和其他自然力，从而与人疏离，与地点无关。当机器之间建立内在关联，系统（System）则形成，它依自身逻辑展开，不必并且确实也不再向人敞开。建筑之"可见性"（Legibility）往往随手段的"进步"而远离直观，20世纪由机器与系统主导而发生的对环境的"降服"，便就同时也是建筑行为（Performance）之"可见性"的退隐。当代的信息技术，更是进一步消隐了传统意义上因缠绕而来的"可见"，以及因"可见"而来的缠绕。因机器、系统、环境、信息而来的思考与应对，并未抹去经典建构学的疑问，但却超越了经典建构学的议题，成为我们面向当下和未来时不得不去回应的挑战。

有一些方向或可留意。首先，建构学不必再一味局限于视觉的纠结以及静态的沉思。那些不可见的"可见"性，建筑的那些"行动""运行""工作"，对于思考今天的和未来的建构学，具有极为重要的意义。这是对学术路径的反思。其次，建构学是否只是或只有欧洲的理论形态？这种形态是否足够回应其他文明中的材料、结构、建造的问题？工业文明以来便处于隐匿状态的亚洲文明是否真的只是一堆散落的素材而无法发展出一种理论性表述？这既是关于理论之边界的疑问，也是对"我之为我"的自觉。最后，正在发生的是最重要的。实践可以被责难，但更需勇敢地、不带偏见地去面对。这是对当下实践之考察。

无论世界如何纷繁与不羁，建筑总还是一处所在，满足人类对住居的渴望，并塑造、记录、表现、张扬人类的文明。关于建构的创造性思考与实践，是实现这些价值的重要而不可替代的途径。

图片来源

第 1 讲

图 1-1：Richard Weston，*Materials*，*form and architecture* （New Haven，CT：Yale University Press，2003）.

图 1-2：*El Croquis* 20+64+98，Rafael Moneo 1967—2004，2004.

图 1-3（a），图 1-3（b），图 1-4（a），图 1-4（b），图 1-5，图 1-6，图 1-7，图 1-8，图 1-9（a），图 1-9（b），图 1-9（c），图 1-10：Kenneth Frampton，*Studies in Tectonic Culture* （Cambridge，Mass.: MIT Press，c1995）.

图 1-11：合肥湖滨集团提供.

第 2 讲

图 2-1，图 2-2（a），图 2-2（b）：时代建筑 . 2017（10）.

图 2-3：David Leatherbarrow，*The Roots of Architectural Invention*：*site*，*enclosure*，*materials* （New York：Cambridge University Press，1993）.

图 2-4：https：//www.rietveldschroderhuis.nl/en/rietveld-schroder-house. 2021 年 9 月 6 日访问.

图 2-5：Lluís Casals Coll，Josep M. Rovira i Gimeno，et al.，*Mies van der Rohe Pavilion*：*Reflections* （*Sèrie 2*）（Triangle Postals，S.L.，2017）.

图 2-6：Vittorio Magnago Lampugnani，*Mies van der Rohe*：*Mies In Berlin* （New York：The Museum of Modern Art，2002）.

图 2-7：Konrad Wachsmann，*The Turning Point of Building*：*Structure and*

Design（New York：Reinhold Publishing Corporation，1961）.

图 2-8：Richard Cleary，*Frank Lloyd Wright：From Within Outward*（New York：Skira Rizzoli，2009）.

图 2-9：Gottfried Semper，*The Four Elements of Architecture and Other Writings*，*trans. Harry Francis Mallgrave and Wolfgang Herrmann*（New York：Cambridge University Press，1989）.

图 2-10：作者自摄，2014.

图 2-11（a），图 2-11（b）：Frank Kaltenbach，ed. *Translucent materials：glass，plastics，metals*（Basel：Birkhäuser，c2004）.

图 2-12：David Leatherbarrow，*The Roots of Architectural Invention：site，enclosure，materials*（New York：Cambridge University Press，1993）.

第 3 讲

图 3-1（a），图 3-1（b）：Donald J. Olsen，*The City As A Work Of Art*（Yale University Press，1986）.

图 3-2（a），图 3-2（b）：作者自摄，2014.

图 3-3：苏圣亮 摄.

图 3-4（a），图 3-4（b）：黄居正 摄.

图 3-5（a）：Edward R. Ford，*The Details of Modern Architecture*，*Volume 1*（The MIT Press，2003）.

图 3-5（b）：根据 Edward R. Ford，*The Details of Modern Architecture*，*Volume 1*（The MIT Press，2003）资料改绘.

图 3-6（a）：Luca Bellinelli，*Louis I. Kahn：The Construction of the Kimbell Art Museum*（Skira，1999）.

图 3-6（b），图 3-6（c）：Robert McCarter，*Louis I Kahn*（Phaidon France，2007）.

图 3-7，图 3-10（a），图 3-10（b）：Le Corbusier，*Œuvre complète*，*Volume 1*，1910–1929.

图 3-8，图 3-9（a），图 3-9（b）：Elisabetta Andreoli，Adrian Forty，*Brazil's Modern Architecture*（Phaidon Press Inc，2007）.

图 3-11（a），图 3-11（b），图 3-12（a），图 3-12（b）：张旭提供.

图 3-13（a）：Werner Blaser，*Mies van der Rohe–IIT Campus：Illinois Institute of Technology*（Birkhäuser，2002）.

图 3-13（b），图 3-24：Peter Carter，*Mies Van Der Rohe At Work*（Phaidon Press，1999）.

图 3-14：[英] 彼得·默里. 文艺复兴建筑 [M]. 王贵祥，译. 北京：中国建筑工业出版社，1999.

图 3-15，图 3-16，图 3-17，图 3-18，图 3-19，图 3-20，图 3-21，图 3-22，图 3-23：Robert McCarter，*Louis I Kahn*（Phaidon France，2007）.

图 3-25（a），图 3-25（b），图 3-25（c）：Stanford Anderson，*Eladio*

Dieste：*Innovation in Structural Art*（New York：Princeton Architectural Press，2004）.

图 3-25（d）：根据 Stanford Anderson，*Eladio Dieste*：*Innovation in Structural Art*（New York：Princeton Architectural Press，2004）资料改绘

图 3-26（a），图 3-26（b）：David B. Brownlee，David G. De Long，*Louis I. Kahn*：*in the realm of architecture*（Los Angeles：Museum of Contemporary Art，1991）.

图 3-27（a）：陈颢 摄.

图 3-27（b），图 3-30（b）：苏圣亮 摄.

图 3-27（c），图 3-30（a）：大舍工作室提供.

图 3-28（a），图 3-28（b），图 3-31（b）：*EL*，No. 156，2011.

图 3-28（c），图 3-28（d）：根据 *EL*，No. 156 资料改绘.

图 3-29：葛文俊 摄.

图 3-31：根据 *EL*，*No. 156*，2011 改绘.

图 3-32：郭屹民（编）. 建筑的诗学：对话·坂本一成的思考. 南京：东南大学出版社，2011.

图 3-33（a），图 3-33（b）：Junya Ishigami，*Small Images*（Tokyo：INAX Publishing，2008）.

图 3-34（a）：Mohsen Mostafavi（ed.），*Structure as Space*（London：AA Publications，2006）.

图 3-34（b）：Michel Carlana，Luca Mezzalira（ed.），*Jürg Conzertt*，*Gianfranco Bronzini*，*Patrick Cartmann*，*Milano*：*Electaarchitecture*，2011.

第 4 讲

图 4-1：ISHIMOTO，Yasuhiro，*Katsura Imperial Retreat*（Tokyo：Rikuyo-Sha，2010）.

图 4-2（a），图 4-2（b）：*EL*，*No. 24+64+68*.

图 4-3：*AV Monografías de Arquitectura y Vivienda*，*Louis I. Kahn*，*No. 44*.

图 4-4：Ken Mccown 提供.

图 4-5（a），图 4-5（b）：华黎 摄.

图 4-6：Le Corbusier，Pierre Jeanneret，Jane B. Drew，E. Maxwell Fry，*Chandigarh 1956*（Scheidegger & Spiess，2010）.

图 4-7：作者自摄，2014.

图 4-8：Le Corbusier，*Œuvre complète*，*Volume 2*，1929-1934.

图 4-9：Claude Lichtenstein，ed.，*As Found*：*The Discovery of the Ordinary*（Lars Muller Publishers，2001）.

图 4-10（a），图 4-10（b）：Sarah Quill，*Ruskin's Venice*：*The Stones Revisited*（Jaca Book，2018）.

图 4-11：William J. R. Curtis，*Le Corbusier*：*Ideas and Forms*（Phaidon Press，1986）.

图 4-12：Edward Ford，*The Details of Modern Architecture*（Volume 1），Cambridge：The MIT Press（November 21，2003）.

图 4-13：Janne Ahlin，*Sigurd Lewerentz，Architect：1885-1975*（Park Books，2015）.

图 4-14：Wilfried Wang，ed.，*Sigurd Lewerentz：St. Petri*（Tübingen：Wasmuth，2009）.

图 4-15（a）：Rice，C.，*The Atmosphere of Interior Urbanism：OMA at IIT*（Archit Design，2008）.

图 4-15（b）：Studio GANG 提供.

图 4-16（a）：Mohsen Mostafavi，David Leatherbarrow，*On Weathering：the Life of Buildings in Time*（MIT Press，1993）.

图 4-16（b）：根据网络资源改绘.

图 4-17：作者自摄，2019.

第 5 讲

图 5-1，图 5-2（a），图 5-2（b），图 5-3，图 5-4：Wolfgang Herrmann，*Gottfried Semper：In Search of Architecture*（Cambridge：The MIT Press，1989）.

图 5-5：*EL Croquis* 20+64+98，RAFAEL MONEO1967-2005.

图 5-6（a）：https：//en.wikiquote.org/wiki/Zygmunt_Bauman. 2021 年 8 月 2 日访问.

图 5-6（b）：Zygmunt Bauman，*Culture as Praxis*（London：SAGE Publications，1998）.

第 6 讲

图 6-1：George Dodds，*Building Desire on the Barcelona Pavilion*（Routledge，2005）.

图 6-2：*EL，No.60*.

图 6-3：Carsten Krohn，*Mies Van der Rohe-The Built Work*（Birkhäuser Basel，2014）.

图 6-4，图 6-5，图 6-8：朱竞翔提供.

图 6-6：Gerhard Mack，*Herzog & De Meuron 1978-1988*（Birkhäuser Verlag，1997）.

图 6-7：Jacques Sbriglio，*Le Corbusier：The Villa Savoye*（Birkhäuser Basel，2008）.

图 6-9（a）：纽约现代艺术博物馆（MOMA）的图纸：Tugendhat House，Brno，Czech Republic，Ground floor plan，1928-1930.

图 6-9（b）：纽约现代艺术博物馆（MOMA）的图纸：Tugendhat House，Brno，Czech Republic，Section，1928-1930.

图 6-10：*EL，No.68-69/95*.

图 6-11：Bernard Leupen & etc.，*Design and Analysis*（New York：Van Nostrand Reinhld，1997）.

图 6-12（a），图 6-12（b），图 6-12（c）：Princeton Arch Staff，*Barragan：The Complete Work*（Princeton Architectural Press，1996）

图 6-13（a），图 6-13（b），图 6-20（a），图 6-20（b）：Thomas Durisch，*Peter Zumthor 1990-1997 Building and Projects，Volume 2*（Scheidegger & Spiess，2014）.

图 6-14：根据 Thomas Durisch，Peter Zumthor 1990—1997 Building and Projects，Volume 2（Scheidegger & Spiess，2014）资料改绘.

图 6-15（a），图 6-15（b）：柳亦春提供.

图 6-16（a），图 6-16（b）：田方方 摄.

图 6-17（a），图 6-17（b）：张准、柳亦春提供.

图 6-18（a）：作者自摄，2016.

图 6-18（b）：华黎 摄.

图 6-18（c）：苏圣亮 摄.

图 6-19（a）：Richard Weston，*Materials，form and architecture*（New Haven，CT：Yale University Press，2003）.

图 6-19（b），图 6-19（c）：Thomas Durisch，*Peter Zumthor 1985-1989 Buildings and Projects，Volume 1*（Scheidegger & Spiess，2014）.

图 6-21：作者自摄，2021.

图 6-22：作者自摄，2018.

第 7 讲

图 7-1（a），图 7-1（b），图 7-1（c）：Brian Brace Taylor，*Le Corbusier：The City of Refuge Paris 1929/33*（The University of Chicago Press，1987）.

图 7-2：戴维·B·布朗宁，戴维·G·德·龙.路易斯·I·康：在建筑的王国中 [M].马琴，译.北京：中国建筑工业出版社，2004.

图 7-3：George H. Marcus and William Whitaker，*The Houses of Louis Kahn*（Yale University Press，2013）.

图 7-4（a），图 7-4（b），图 7-4（c）：Johan Celsing 提供.

图 7-5（a），图 7-5（b），图 7-8（a），图 7-8（b）：朱竞翔提供.

图 7-6（a），图 7-7（b）：根据 Edward R. Ford，*The Detail of Modern Architecture，Volume 2：1928 to 1988*（The MIT Press Cambridge）资料改绘.

图 7-6（b），图 7-7（a）：Edward R. Ford，*The Detail of Modern Architecture，Volume 2：1928 to 1988*（The MIT Press Cambridge）.

图 7-9，图 7-12：肯尼思·弗兰姆普顿.建构文化研究——论 19 世纪和 20 世纪建筑中的建造诗学 [M].王骏阳，译.北京：中国建筑工业出版社，2007.

图 7-10：Rem Koolhaas（ed. in chief James Westcott，Stephan Petermann），*Elements of Architecture*（Germany：Taschen GmbH，2018）.

图 7-11：作者自绘.

图 7-13（a）：*EL*，No.139.

图 7-13（b）：根据 *EL*，No.139 资料改绘.

图 7-14（a）：根据 *EL*，No.156 资料改绘.

图 7-14（b）：*EL*，No.156.

图 7-15（a）：*EL*，No.145.

图 7-15（b）：根据 *EL*，No.145 资料改绘.

第 8 讲

图 8-1，图 8-2：Richard Weston，*Materials*，*form and architecture*（New Haven，CT：Yale University Press，2003）.

图 8-3（a），图 8-3（b）：Manfred Speidel，Sebastian Legge，*Heinz Bienefeld Bauten und Projekte*（Tongji University Press，2019）.

图 8-4（a），图 8-4（b），图 8-4（c）：*a+u*，2019（09）.

图 8-5（a）：根据 *Der Zug*，vol. 5，2017 改绘.

图 8-5（b）：根据资料重绘.

图 8-5（c）：*a+u*，2019（09）.

图 8-6（a）：中国建筑设计研究院有限公司提供.

图 8-6（b）：根据中国建筑设计研究院有限公司图纸改绘.

图 8-7：居伊·德波. 景观社会 [M]. 张新木，译. 南京：南京大学出版社，2017.

图 8-8（a），图 8-8（b），图 8-8（c），图 8-9（a），图 8-9（b）：Gerhard Mack，*Herzog & De Meuron 1978–1988*（Birkhäuser Verlag，1997）.

图 8-9（c）：根据 Gerhard Mack，*Herzog & De Meuron 1978–1988*（Birkhäuser Verlag，1997）改绘.

图 8-10（a）：Fundación Instituto Arquitecto José Marques Da Silva（FIMS）.

图 8-10（b）：根据 José António Bandeirinha，*Fernando Tavora*：*Modernity Permanent*（Casa da Arquitectura，2016）资料改绘.

主要参考文献

一、中文著作与译著

[1] 张永和. 平常建筑 [M]. 北京：中国建筑工业出版社，2002.

[2] 王澍. 设计的开始 [M]. 北京：中国建筑工业出版社，2002.

[3] 刘家琨. 此时此地 [M]. 北京：中国建筑工业出版社，2002.

[4] 史永高. 材料呈现：19 和 20 世纪西方建筑中材料的建造 - 空间双重性研究 [M]. 南京：东南大学出版社，2008.

[5] 丁沃沃，胡恒. 建筑文化研究（第 1 辑，建构专辑）[C]. 北京：中央编译出版社，2009.

[6] 彭怒，王菲，王骏阳. 建构理论与当代中国 [M]. 上海：同济大学出版社，2012.

[7] 邓晓芒. 西方哲学探赜 [M]. 上海：上海文艺出版社，2014.

[8] [美] 肯尼斯·弗兰姆普敦. 建构文化研究：论 19 世纪和 20 世纪建筑中的建造诗学（修订版）[M]. 王骏阳，译. 北京：中国建筑工业出版社，2007.

[9] [美] 戴维·莱瑟巴罗 莫森·莫斯塔法维. 表面建筑 [M]. 史永高，译. 南京：东南大学出版社，2016.

[10] [美] 戴维·莱瑟巴罗 莫森·莫斯塔法维. 地形学故事：景观与建筑研究 [M]. 刘东洋，陈洁萍，译. 北京：中国建筑工业出版社，2018.

[11] [斯] 阿莱斯·艾尔雅维茨. 图像时代 [M]. 胡菊兰，张云鹏，译. 长春：吉林人民出版社，2003.

[12] [德] 瓦尔特·本雅明. 技术复制时代的艺术作品 [M]. 胡不适，译. 杭州：浙江文艺出版社，2005.

[13] [法] 居伊·德波. 景观社会 [M]. 张新木，译. 南京：南京大学出版社，2017.

[14] [英] 齐格蒙特·鲍曼. 作为实践的文化 [M]. 郑莉，译. 北京：北京大学出版社，2009.

[15] [法] 大卫·勒布雷东. 人类身体史和现代性 [M]. 王圆圆，译. 上海：上海文艺出版社，2010.

二、外文著作

[1] Gottfried Semper，*The Four Elements of Architecture and Other Writings*，trans. Harry Francis Mallgrave and Wolfgang Herrmann（New York：Cambridge University Press，1989）.

[2] Gottfried Semper，*Style in the Technical and Tectonic Arts*；*or*，*Practical Aesthetics*，trans. Harry Mallgrave & Michael Robinson（LA：Getty Research Institute，2004）.

[3] Wolfgang Hermann，*Gottfried Semper: In Search of Architecture*（Cambridge，Mass.：MIT Press，1984）.

[4] Adolf Loos，*Spoken into the Void: Collected Essays 1897-1900*，trans. Jane O. Newman and John H. Smith（Cambridge：The MIT Press，1982）.

[5] M. F. Hearn ed.，*The Architectural Theory of Eugène-Emmanuel Viollet-le-Duc*（Cambridge，Mass.：MIT Press，1990）.

[6] David Leatherbarrow，*The Roots of Architectural Invention*：*Site*，*Enclosure*，*Materials*（New York：Cambridge University Press，1993）.

[7] Mohsen Mostafavi，David Leatherbarrow，*On Weathering*：*The Life of Buildings in Time*（Cambridge，Mass.：The MIT Press，1993）.

[8] Micthel Schwarzer，*German Architectural Theory and the Search for Modern Identity*（Cambridge：Cambridge University Press，1995）.

[9] Werner Oechslin，*Otto Wagner*，*Adolf Loos*，*and the Road to Modern Architecture*，trans. Lynette Widder（Cambridge：Cambridge University Press，2001）.

[10] Adrian Forty，*Words and Buildings*：*A Vocabulary of Modern Architecture*（New York：Thames & Hudson，2000）.

[11] Edward R. Ford，*The Details of Modern Architecture*（Cambridge，Mass.：MIT Press，c1990）.

[12] Mhairi McVicar，*Precision in Architecture*：*Certainty*，*Ambiguity and Deviation*（London and New York：Routledge，2019）.

[13] Ulrich Prammatter，*The Making of the Modern Architect and Engineer*：*The Origins and Development of a Scientific and Industrially Oriented Education*（Basel，Boston，Berlin：Birkhäuser，2000）.

[14] Kiel Moe and Ryan E. Smith，ed.，*Building Systems*：*Design Technology and Society*（London and New York：Routledge，2012）.

[15] Kenneth Frampton，*Labour，Work and Architecture：Collected Essays on Architecture and Design*（New York：Phaidon，2002）.

[16] Richard Sennett，*The Craftsman*（New Haven & London：Yale university Press，2008）.

[17] Zygmunt Bauman，*Culture as Praxis*（London：SAGE Publications，1998）.

[18] Andrea Deplazes，ed.，*Constructing Architecture：Materials，Processes，Structures*，trans. Gerd H. Söffker & Philip Thrift（Basel：Birkhäuser，2005）.

[19] Stephen Kieran & James Timberlake，*Refabricating Architecture：How Manufacturing Methodologies Are Poised to Transform Building Construction*（New York：McGraw-Hill Companies，Inc.，2004）.

[20] Richard Weston，Materials，*Form and Architecture*（New Haven，CT：Yale University Press，2003）.

[21] Todd Gannon，ed.，*The Light Construction Reader*（New York：The Monacelli Press，2002）.

[22] Gerhard Auer，ed.，*Daidalos，56，Magic of Materials*（1995）.

[23] Cynthia C. Davidson ed.，*Anyone，No. 14，Tectonics Unbound：KERNFORM AND KUNSTFORM REVISITED!*（New York：1996）.

[24] David Robbins，ed.，*The Independent Group：Postwar Britain and the Aesthetics of Plenty*（Cambridge，Mass.，1990）.

[25] Claude Lichtenstein and Thomas Schregenberger（ed.），*As Found：The Discovery of the Ordinary*（Baden/Switzerland：Lars Müller Publishers，2001）.

[26] Peter Carter，*Mies Van Der Rohe at Work*（London：Phaidon，1999）.

[27] Flora Samuel，*Le Corbusier in Detail*（Routledge，2016）.

[28] Caroline Maniaque Benton，*Le Corbusier and the Maisons* Jaoul（New York：Princeton Architectural Press，2009）.

[29] Heinz Ronner & Sharad Jhaveri，ed.，*Louis I. Kahn：Complete Work 1935-1974*（Basel，Boston，Berlin：Birkhäuser，c1987）.

[30] Alessandra Latour，ed.，Louis I. *Kahn：Writings，Lectures，Interviews*（New York：Rizzoli International Publications，1991）.

[31] Thomas Leslie，*Louis I. Kahn：Building art，Building science*（New York：George Braziller，Inc. 2005）.

[32] Per Olaf Fjeld，*Sverre Fehn：The Thought of Construction*（New York：Rizzoli，1983）.

[33] Per Olaf Fjeld，*Sverre Fehn：The Pattern of Thoughts*（New York：The Monacelli Press，2009）.

[34] Keith L. Eggener，*Luis Barragán's Gardens of El Pedregal*（New York：Princeton Architectural Press，2001）.

[35] Philip Ursprung，ed.，*Herzog & de Meuron：Natural History*（Montreal：

Canadian Centre for Architecture；Baden，Switzerland：Lars Müller Publishers，c2002）．

[36] James Corner，ed.，*Recovering Landscape*：*Essays in Contemporary Landscape Architecture*（New York：Princeton Architectural Press，1999）．

[37] Victor Olgyay，*Design With Climate*：*Bioclimatic Approach to Architectural Regionalism*（Princeton University Press，1963）．

[38] Reyner Banham，*The Architecture of Well-tempered Environment*（London：The Architectural Press/The University of Chicago Press，1969）．

[39] Dean Hawkes，*The Environmental Imagination*：*Technics and Poetics of the Architectural Environment*（London：Taylor & Francis. 2007）．

[40] Anne Beim & Ulrik Stylsvig Madsen（ed.），*Towards an Ecology of Tectonics*：*The Need for Rethinking Construction in Architecture*（Stuttgart/London：Edition Axel Mengers，2014）．

[41] *Kiel Moe，Insulating Modernism*：*Isolated and Non-isolated Thernodynamics in Architecture*（Basel，Boston，Berlin：Birkhäuser，2014）．

[42] Michael U. Hensel & Jeffrey P. Turko，ed.，*Grounds and Envelopes*：*Reshaping Architecture and the Built Environment*（London and New York：Routledge，2015）．

[43] Daniel A. Barber，*Modern Architecture and Climate*：*Design before Air Conditioning*（Princeton：Princeton University Press，2020）．

三、期刊论文

[1] 张永和. 平常建筑 [J]. 建筑师，1998（05）：27-34.

[2] 王群. 空间、构造、表皮与极少主义——关于赫佐格和德默隆建筑艺术的几点思考 [J]. 建筑师，84 期，1998（05）：38-56.

[3] 王群. 解读弗兰普顿的《建构文化研究》.A+D，雷尼国际出版有限公司，南京大学建筑研究所主办，2001（1&2）.

[4] 朱涛. 建构的许诺与虚设：论当代中国建筑学发展中的"建构"观念 [J]. 时代建筑，2002（5）：30-33. 全文刊登于《中国建筑 60 年（1949-2009）：历史理论研究》，朱剑飞主编，中国建筑工业出版社，2009.

[5] 赵辰. "立面"的误会. 读书，2007（2）：129-136.

[6] 王骏阳. "建构文化研究"译后记（上，中，下）[J]. 时代建筑，2011 年第 4-6 期.

[7] 史永高. 面向身体与地形的建构学 [J]. 时代建筑，2012（2）：72-75.

[8] 史永高. 身体的置入与存留：半工业化条件下建构学的可能与挑战 [J]. 建筑师，2013（1）：41-44.

[9] 史永高. 表皮，表层，表面：一个建筑学主题的沉沦与重生 [J]. 建筑学报，2013（8）：1-6.

[10] 史永高. "新芽"轻钢复合建筑系统对传统建构学的挑战 [J]. 建筑学报，2014（1）：89-94.

[11] 史永高. 建筑完成度的歧义与依归 [J]. 时代建筑，2014（3）：18-19.

[12] 史永高. 面向环境调控的建构学及复合建造的轻型建筑之于本议题的典型性 [J]. 建筑学报，2017（2）：1-6.

[13] 刘东洋. 卒姆托与片麻岩：一栋建筑引发的"物质性"思考 [J]. 新建筑，2010（1）：11-18.

[14] 刘东洋. 一则导言的导读 [J]. 时代建筑，2011（4）：136-139.

[15] 朱竞翔. 新芽学校的诞生 [J]. 时代建筑，2011（2）：46-53.

[16] 朱竞翔. 木建筑系统的当代分类与原则 [J]. 建筑学报，2014（4）：2-9.

[17] Eduard Sekler，"Structure，Construction，Tectonics，" in *Structure in Art and in Science*. New York：Brazil，1965，89-95，89.

[18] Jeffrey Kipnis，The Cunning of Cosmetics：A Personal Reflection on the Architecture of Herzog and de Mouron，*EL Croquis* 84（1997）.

[19] Ákos Moravànszky，"'Truth to Material' vs 'The Principle of Cladding'：The Language of Materials in Architecture，" *AA Files* 31（2004）：39-46.

[20] David Leatherbarrow，Topographical Premises，*Journal of Architectural Education*，2004（02），V. 57 Issue 3，70-73.

以上各条书目和篇目的编排格式，中文部分采用国家统一标准，英文部分采用芝加哥注释体系的 N（ormal）：

http：//www.chicagomanualofstyle.org/tools_citationguide.html

人名汉译对照表

Alberti, Leon Battista 　　莱昂·巴蒂斯塔·阿尔伯蒂（1404—1472）
Aristotle 　　亚里士多德（公元前384—322）
Artigas, Vilanova 　　维拉诺瓦·阿蒂加斯（1915—1985）
Barragán, Luis 　　路易·巴拉干（1902—1988）
Barthes, Roland 　　罗兰·巴特（1915—1980）
Bauman, Zygmunt 　　齐格蒙特·鲍曼（1925—2017）
Berlage, Hendrik Petrus 　　亨德里克·派特鲁斯·贝尔拉格（1856—1934）
Bienefeld, Heinz 　　海因茨·宾纳菲尔德（1926—1995）
Blumenberg, Hans 　　汉斯·布鲁门伯格（1920—1996）
Böhm, Dominikus 　　多米尼克斯·波姆（1880—1955）
Borbein, Adolf 　　阿道夫·波拜因（1936—　）
Borromini, Francesco 　　弗朗西斯科·波罗米尼（1599—1667）
Bötticher, Karl 　　卡尔·博迪舍（1806—1889）
Boullée Étienne-Louis 　　艾蒂安-路易·布雷（1728—1799）
Carlo, Lodoli 　　卡罗·劳杜里（1690—1761）
Carrier, Willis 　　威利斯·凯利（1876—1950）
Celsing, Johan 　　约翰·塞尔辛（1955—　）
Christian Norberg, Schulz 　　克里斯蒂安·诺伯格·舒尔茨（1926—2000）
Conzett, Jürg 　　于根·康策特（1956—　）
de Meuron, Pierre 　　皮埃尔·德梅隆（1950—　）

Debord, Guy-Ernest	居易·德波（1931—1994）
Descartes, René	勒内·笛卡尔（1596—1650）
Dieste, Eladio	埃拉蒂奥·迪埃斯特（1917—2007）
Durand, Jean-Nicolas-Louis	让-尼古拉斯-路易·迪朗（1760—1834）
Evans, Robin	罗宾·埃文斯（1945—1993）
Ford, Edward R.	爱德华·R·福特（1947—　）
Foster, Norman	诺曼·福斯特（1935—　）
Frampton, Kenneth	肯尼斯·弗兰姆普敦（1930—　）
Fuller, Richard Buckminster	理查德-巴克敏斯特·富勒（1895—1983）
Gilly, Friedrich	弗雷德里希·吉里（1772—1800）
Heidegger, Martin	马丁·海德格尔（1889—1976）
Herzog, Jacques	雅克·赫尔佐格（1950—　）
Hirt, Aloys	阿洛伊斯·希尔特（1759—1837）
Hitchcock, Henry-Russell	亨利-罗素·希区柯克（1903—1987）
Kahn, Louis I.	路易斯·I·康（1901—1974）
Kerez, Christian	克里斯蒂安·克雷兹（1962—　）
Kipnis, Jeffrey	杰弗里·吉普尼斯（1951—　）
Koolhaas, Rem	雷姆·库哈斯（1944—　）
Kraus, Karl	卡尔·克劳斯（1874—1936）
Labrouste, Henri	亨利·拉布鲁斯特（1801—1875）
Laugier, Marc-Antoine	马克-安东尼·洛吉耶（1711—1769）
Le Corbusier	勒·柯布西耶（1887—1965）
Leatherbarrow, David	戴维·莱瑟巴罗（1953—　）
Ledoux, Claude Nicholas	克劳德-尼古拉·勒杜（1736—1806）
Loos, Adolf	阿道夫·路斯（1870—1933）
Mallgrave, Harry Francis	哈里·弗兰西斯·马尔格雷夫（1947—　）
Mies van der Rohe, Ludwig	路德维希·密斯·凡·德·罗（1886—1969）
Moneo, Rafael	拉菲尔·莫内欧（1937—　）
Moravànszky, Ákos	阿考斯·莫拉凡斯基（1950—　）
Müller, Karl Otfried	卡尔-奥特弗里德·米勒（1797—1840）
Neutra, Richard	理查德·纽伊特拉（1892—1970）
Niemeyer, Oscar	奥斯卡·尼迈耶（1907—2012）
Olgiati, Valerio	瓦莱里欧·奥伽提（1958—　）
Palladio, Andrea	安德烈·帕拉迪奥（1508—1580）
Paxton, Joseph	约瑟夫·帕克斯顿（1803—1865）
Perrault, Claude	克劳德·佩罗（1613—1688）
Perret, Auguste	奥古斯特·佩雷（1874—1954）
Pollio, Marcus Vitruvius	马尔库斯-维特鲁威·波利奥（约公元前80/70—15）

Quatremere de Quincy, Antoine-Chrysostome　安托万 - 克里索斯托姆·卡特勒梅尔·德·坎西（1755—1849）
Rietveld, Gerrit　盖里特·里特维尔德（1888—1964）
Rykwert, Joseph　约瑟夫·里克沃特（1926—　）
Scarpa, Carlo　卡洛·斯卡帕（1906—1978）
Schinkel, Karl Friedrich　卡尔·弗雷德里希·辛克尔（1781—1841）
Schwarzer, Mitchell　米歇尔·席沃扎（1957—　）
Sekler, Eduard Franz　爱德华·弗兰茨·塞克勒（1920—2017）
Semper, Gottfried　戈特弗里德·森佩尔（1803—1879）
Siza, Alvaro　阿尔瓦罗·西扎（1933—　）
Soufflot, Jacques-Germain　雅克 - 日耳曼·索夫洛（1713—1780）
Street, George Edmund　G. E. 斯特雷特（1824—1881）
Sullivan, Louis　路易斯·沙利文（1856—1924）
Summerson, John　约翰·萨默森（1904—1992）
Távora, Fernando　费尔南多·塔沃拉（1923—2005）
Viollet-le-Duc, Eugène-Emmanuel　维奥莱 - 勒 - 迪克（1814—1879）
Wachsmann, Konrad　康拉德·瓦克斯曼（1901—1980）
Wagner, Otto　奥托·瓦格纳（1841—1918）
Winckelmann, Johann Joachim　约翰 - 约希姆·温克尔曼（1717—1768）
Wright, Frank Lloyd　弗兰克·劳埃德·赖特（1867—1959）
Zumthor, Peter　彼得·卒姆托（1943—　）

后记

自 2013 年春季，本人在东南大学建筑学院面向本科三年级同学开设建构专题理论课，它也是本科阶段"建筑理论与设计"系列课程的一部分。数年来，课程内容与结构经历过几次大的调整，由当初基于《材料呈现——19 和 20 世纪西方建筑中材料的建造 - 空间双重性研究》（作者的另一本书）中的部分内容展开，到后来纳入"身体与地形"和"环境调控"，并逐步增加对本土实践的探讨。2018 年底列出如今的总体架构和主题，随后逐渐细分和充实。

这些改变的背后，是围绕两个自然科学基金展开的研究工作，它们分别希望探讨"身体与地形"和"环境调控"对于我们如今所谓的建构学意味着什么：它们为什么是必要的，又有什么样的意义，以及可以如何去进行。之所以如此，是因为我意识到既有的建构学论述，尤其是在实践中，被严重地僵化和窄化，而我认为回到丰富、生动，当然也富有挑战的生活世界，才是一种理论论述和理论主题能够不断自我更新并有所贡献的方式。然而，在这个过程中，我并非没有疑虑，也就是论题扩大化与泛化所带来的危险。为了避免这一点，这些研究都是以"面向"接宾语来表述，也就是说基于本来的建构主题，但是在特定的地区或时代条件下，有所侧重，或者补漏，或者拓展。"身体与地形"的议题是补漏，或者说恢复，因为它们是建构的应有之义，但是被忽略或遗忘了。这里我针对的主要是国内的状况，所以关于地区性的考虑为主，当然也有时代要素。"环境调控"的议题则是拓展，或者说提升。拓展，是说这一议题在 19 世纪（或者始自更早）以来的现代建构学论述中没有受到特别关注，而今天则必须面对；提升，则是说类似的关于环境调控的思考与需求其实一直存在，但是今天的（设备）技术手段以及所设定的极高标准，它们对经典建构学的价值立场构成严重挑战，由此作出的回应与此前相比则是一种提升。这是以回应时代性的挑战为主，当然会有地区性的差异。总之，无论是"身体与地形"，还是"环境调控"，都只是建构研究中的一种侧重与转向，是对某种特别境况的回应，而非要包容这些学科。至于"图像"，则是一直藏在心底的秘密与疑惑。我希望对这个"靶子"不要一概而论，而是能够把它慢慢地切开来，耐心地看一看，仔细地分辨一下。

我认同"理论源于惊奇，然后观察、发问"的认知，根本上说，理论是一种反思。因此，问题甚于知识，主题重于素材。为此，在确定六个大的主题之后，我希望能列出次级和再次级的标题，并辅以案例进行逐级阐述。但是限于时间与篇幅，一来无法对各级主题展开充分的辨析论述，二来对案例的解读亦难以深入详尽。客观而言，以教材观之，这给读者——无论是学生还是老师——的使用都带来一定困难。对其弥补的方式，一是尽量说清各主题间的论述层级与关系，呈现各级主题的内在结构；二是努力选取经典而典型的案例来加以解析，并不刻意追求案例的覆盖面与新颖性。这样，主题可以具有一种开放性结构，读者可以根据个人理解去变更和发展，这主要是针对老师。而案例因为都是比较常见的经典和典型，因此即便书中没有花太多笔墨，读者也自可大约把握其中的指向和意图。总之，目的在于为读者留有空间，去选择自己感兴趣的或者觉得有价值的论题和案例去做延伸性的发展、学习与思考。就此而言，这只是一根拐杖，一本"参考"。当然，即如我在前言中所说，这也是我对"教材"尤其是理论课教材的理解。

这些主题被分为"基础"和"前沿"两部分，也就是所谓的基本议题和当代延伸（若非为书名之简洁与统一计，它们本可以作为本书的副标题）。一个未及言明的猜想或者说使用建议是：在本科阶段，着重基本议题或许是明智的，其他的可以留待后来，因为无论是"土地""空气"还是"图像"，都多少带有对我们通常理解的建构的追问与质疑。先"信"，也就是理解这个话题的基本、要害、关键所在，然后再去基于时代的状况和自己的理解去展开质疑，这样不仅必要，而且会更为有力、有效。

在即将成书之际，王骏阳教授慨然应允，担任本书主审，并提出许多重要意见和建议。在此，向他致以最深切的谢意。

在准备这本"教材"的过程中，戴维·莱瑟巴罗教授对本书的结构给予了宝贵的建议。在此直接的帮助以外，他过去多年在宾夕法尼亚大学和东南大学的教学和研究都一直传达着一种赋予物质以生气的气质，我有幸在其中耳濡目染，受益至深。关于地形与环境，在最初的兴趣建立以后，得到他诸多有关这些话题的教诲与启发。而回顾自己的学习和研究历程，能够开启建构话题，首先得益于王骏阳教授早年开创性的、敏锐的译介、研究和教学工作。其后在此领域内能够有所深入，更是得益于他提供的诸多讨论和请教的机会。张永和、刘家琨、王澍等（作者）建筑师在 1990 年代末和 21 世纪初年进行的，零星但极富洞察力和想象力的开创性本土实践与写作，对于我的研究而言，既是对象，也是参照，更是启迪。刘东洋先生在 2008 年前后提示我注意到身体与地形之于建构的重要意义，他后来的一句"建构的意义在于赋死的材料以生命与温暖"让我一直铭记于心。在以后的日子里，因多种机缘我得以不断强化和拓展建构思考中身体与地形的因素。2012 年我在香港中文大学短暂工作，于是在近 20 年以后又得以与朱竞翔密切接触。他的工作让我对性能意义上的环境问题以及新的建造方式产生了兴趣，并进一步促发了我心中一直以来怀有的建构学如何面向当下的疑问。其后的持续合作中，他协同整合的实践，以及清晰、准确、坚实的思考和表达方式，也让我的研究工作受益良多。我要向他们致以最深切的谢意。

在研究与学习的各个阶段，还得到诸多合作者、同事、学者的帮助与指教，虽无法一一列举，但永远铭记在心。

我也要感谢这么多年来参与这一课堂的学生，感谢他们的聆听、提问，以及带给我的启示。感谢自然科学基金委员会在长达十年间的资助。感谢出版社陈桦编辑的耐心、鞭策与不放弃，和王惠编辑的专业与细心，否则，这本书不可能完成。

即便有再多的时间，成书永远是仓促的。陋见错讹也在所难免，我以最谦卑的心情恳请读者的批评和指正。